AF345134

GALERIE

ZOOLOGIQUE.

Approuvé, pour faire partie des publications de
la Bibliothèque universelle de la Jeunesse, par
délibération de son comité du 12 août 1836.

IMPRIMERIE DE MOQUET ET COMP., RUE DE LA HARPE, 90.

Pl. 8.

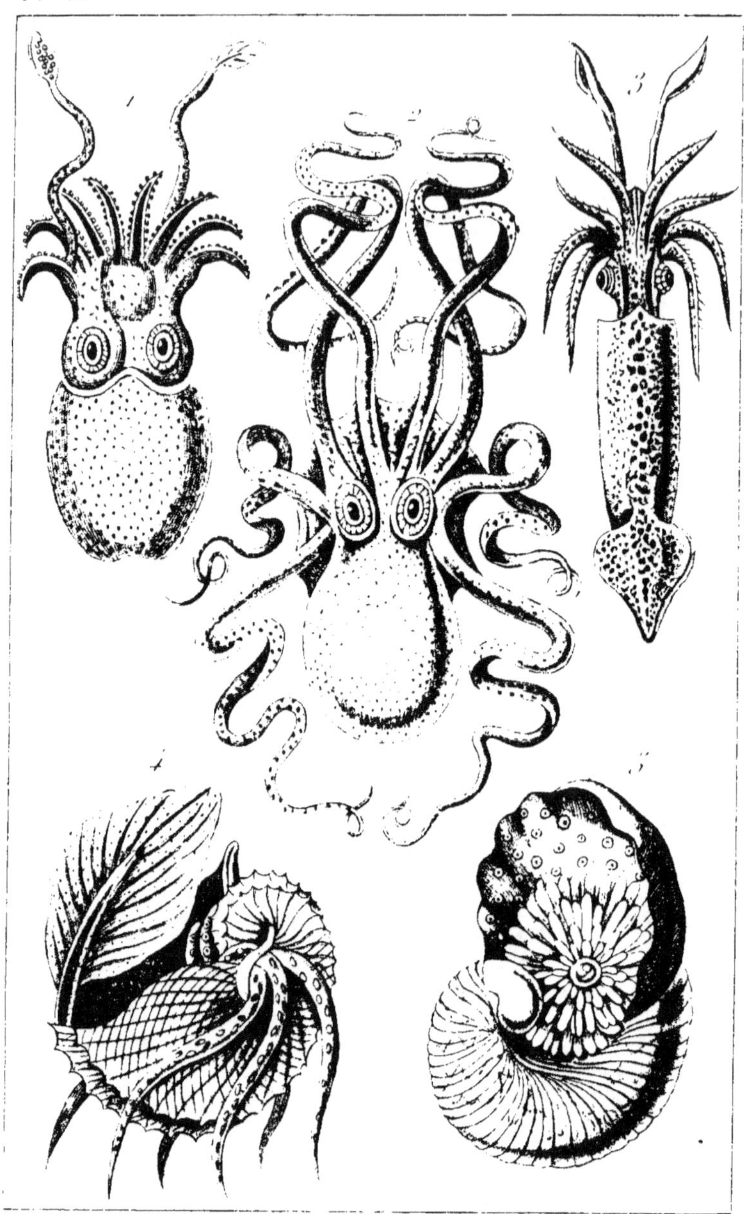

1. Seiche. 2. Poulpe. 3. Calmar. 4. Argonaute.
5. Nautile.

GALERIE

ZOOLOGIQUE,

OU

EXPOSÉ ANALYTIQUE ET SYNTHÉTIQUE DE L'HISTOIRE
NATURELLE DES ANIMAUX ;

PAR M. ADRIEN ANTELME,

DOCTEUR EN MÉDECINE.

—

Sous la Direction

DE M. GEOFFROY-ST.-HILAIRE.

TOME PREMIER.

PARIS,

A LA BIBLIOTHÈQUE UNIVERSELLE

DE LA JEUNESSE,

RUE SAINT-ANTOINE, 76.

1837.

TABLE MÉTHODIQUE

DES DIVERS GENRES D'ANIMAUX

CONTENUS DANS LE PREMIER VOLUME.

FIN DE LA TABLE DU PREMIER VOLUME.

INTRODUCTION.

Si l'on s'en rapportait à l'étymologie du mot, l'étude du *naturaliste* devrait avoir pour objet la nature entière ; tous les faits de l'univers deviendraient son domaine, et il serait appelé à saisir les causes et les liens de cet immense enchaînement. Pourquoi, en effet, ce titre ne serait-il pas ainsi compris, lorsque, par la pensée, on ne saurait soustraire un seul des élémens des choses, sans altérer leur ordonnance entière ? Tel, un chiffre omis, quelque minime qu'il soit, dans nos formules mathématiques, trouble leur harmonie et change leurs résultats.

C'est pourtant au milieu de ce vaste ensemble, que l'homme a été amené, soit par besoin, soit par curiosité, à se rendre compte

de tout ce qui l'entoure. Mais, étrange consé-
quence ! c'est dans son état d'ignorance qu'il
fut parfait naturaliste dans l'acception du
mot. Le premier qui ramassa une pierre n'en
renvoya point les molécules au chimiste, les
contours au géomètre, les facettes au miné-
ralogiste, le poids au physicien, ni le gisse-
ment au géologue. Sa vie ne se restreignit
point dans l'étude des angles et des facettes
d'un cristal, non plus que dans la forme de
quelques insectes ; trop de beautés comman-
daient à la fois son atention. Tout servit à
élever son ame et à éclairer son génie; les astres et la terre roulaient pour lui dans une
vie commune remplie de charmes et de poé-
sie, et c'est devant la création tout entière que
sa tête s'inclina.

Ainsi, nous retrouvons, dans les premiers
âges de la civilisation et parmi les sages et les
savans de la Grèce, cette tendance à généra-
liser : Anaxagore était à la fois naturaliste,
physicien et géologue. Thalès cultivait l'astronomie, la physique et la morale. Zénon,
Démocrite, Pythagore, et en un mot tous
les philosophes de l'antiquité, s'adonnaient
également à l'anatomie, à la morale, aux mathématiques, à l'astronomie, à l'histoire naturelle et à la médecine.

On sent déjà combien l'esprit humain était loin de suffire à suivre ainsi marcher de front l'universalité des connaissances : aussi, à mesure que leur richesse et leur nombre s'accrurent, on se partagea de plus en plus leur étude. La science des astres et des mouvemens des corps qui se meuvent à grande distance dans l'espace, prit le nom d'*astronomie*; celle des propriétés générales des corps s'appela *physique*; la *chimie* s'occupa de l'action des molécules au contact, et le nom d'*histoire naturelle* fut restreint et uniquement réservé à l'appréciation des formes et du dénombrement des êtres qui composent le globe terrestre.

Ainsi définie, l'histoire naturelle comprend dans son ensemble ces trois grandes divisions connues de tous les temps, sous le nom des trois règnes, savoir : le *règne minéral*, renfermant les pierres et tous les corps privés de vie ; le *règne végétal*, qui réunit les plantes, les arbres et les végétaux de toute espèce ; enfin, le *règne animal*, formé, comme son nom l'indique, des êtres animés.

C'est uniquement, parmi ces divisions, à l'étude du *règne animal*, connue sous le nom de *zoologie* *, que se rapporte le but de ce

---

* Du grec ξῶον, animal, et λογος, discours.

ouvrage ; et déjà le naturaliste abandonne les plantes et les minéraux, la plus vaste partie du globe, pour ne s'occuper que de ses habitans. Mais comment n'en serait-il pas ainsi, lorsque la vie tout entière d'un homme est toujours trop courte, pour arriver à la connaissance complète des détails de la plus petite fraction de quelque branche de science que ce soit ? Nous pouvons en prendre un exemple pour ce qui se rapporte à notre objet dans ce que nous raconte un patient et habile observateur de la nature. « Un jour d'été, dit Bernardin de Saint-Pierre, pendant que je travaillais à mettre en ordre quelques observations sur les harmonies de ce globe, j'aperçus sur un fraisier qui était venu par hasard sur ma fenêtre de petites mouches si jolies, que l'envie me prit de les décrire. Le lendemain j'y en vis d'une autre sorte, que je décrivis encore. J'en observai pendant trois semaines trente-sept espèces toutes différentes ; mais il y en vint à la fin un si grand nombre et d'une si grande variété, que je laissai là cette étude, quoique très amusante, parce que je manquais de loisir, et, pour dire la vérité, d'expressions. » — « Les mouches que j'avais observées, ajoute-t-il plus loin, étaient toutes distinguées les unes des autres par leurs couleurs, leurs formes et leurs allures. Il y en avait de dorées, d'argentées, de bronzées, de tigrées, de rayées, de bleues, de vertes, de rembrunies, de chatoyantes. Les unes avaient la tête arrondie comme un turban; d'autres alongées en pointe de clou. A quelques-unes elle paraissait obscure comme un point de velours noir; elle étincelait à d'autres comme un rubis. Il n'y avait pas moins de variété dans leurs ailes : quelques-unes en avaient de longues et de brillantes comme des lames de nacre; d'autres de courtes et de larges, qui ressemblaient à des réseaux de la plus fine gaze. »

Une chose reste évidente, au milieu de toutes ces réflexions : c'est que l'histoire naturelle, comme toute science, se présente à nous sous deux points de vue différens : celui des détails et celui des généralités, en d'autres termes, *analyse* et *synthèse*, l'une pénétrant l'intimité et le nombre des individualités, l'autre prenant, en quelque sorte, l'essence de tous ces résultats, pour en déduire les vues d'ensemble et les hautes théories philosophiques. Il ne nous appartient pas ici, simple historien, de dicter un choix entre deux procédés qui, bien qu'ils semblent s'exclure dans une même intelligence.

n'en sont pas moins d'une importance égale
dans le progrès général des sciences ; vastes
chantiers où l'habileté des architectes ne saurait élever de beaux et de solides monumens,
si de patiens travailleurs ne les enrichis-
saient sans cesse de bons et de précieux matériaux. Notre rôle se bornera, dans cette introduction, à donner une idée de la marche
et du développement de l'histoire naturelle
aux diverses époques de son existence, d'ex-
poser son état actuel, ses moyens, son but et
son utilité.

L'histoire naturelle, aussi ancienne que
l'homme et que la civilisation, a vu ses époques marquées, de loin en loin, jusqu'à nos
jours, par quelques grands noms qui servent
de jalons à l'histoire de ses progrès, et qu'a-
vant tout un naturaliste doit chercher à connaître, soit par reconnaissance, soit pour se
faire une idée de la science qu'il entreprend.

D'Aristote, c'est-à dire de plus de vingt-
deux siècles, date le premier monument
d'histoire naturelle qui nous soit parvenu de
l'antiquité. Ce philosophe, né à Stagyre,
ville de Macédoine, descendait d'Esculape et
de la famille des Asclépiades, à qui l'on dut
aussi Hippocrate, le père de la médecine. Destiné lui-même à cette profession, c'est de la

première direction de ses études que naquit, sans doute, son goût pour l'histoire naturelle. Livré en même temps à la philosophie, ses succès et sa réputation lui valurent cette lettre célèbre de Philippe, roi de Macédoine, à l'occasion de la naissance d'Alexandre :

> Philippe, roi de Macédoine, à Aristote, salut.

« Sachez qu'il m'est né un fils : je remercie les Dieux, non pas tant de me l'avoir donné, que de l'avoir fait naître du temps d'Aristote. J'espère que vous en ferez un roi digne de me succéder et de commander aux Macédoniens. »

Aristote fut merveilleusement secondé, dans son goût pour l'histoire naturelle, par son disciple : Alexandre mit, en effet, à sa disposition, plusieurs milliers d'hommes pour parcourir les diverses contrées de l'Asie et de la Grèce, afin d'apporter et d'élever des animaux de toute espèce. Selon le rapport d'Athénée, ce prince lui accorda, en outre, pour exécuter cette entreprise, huit cents talens, ce qui fait environ trois millions de notre monnaie actuelle. On croit même qu'Aristote suivit son élève dans plusieurs de ses expéditions, jusqu'en Égypte, où il rassembla les nombreux matériaux qui lui servirent plus tard à composer son immortel ouvrage de l'*Histoire des animaux*. Là , il décrit un grand nombre d'espèces qu'il classe en établissant des divisions fort judicieuses, dont quelques-unes même sont conservées aujourd'hui. Il donne des détails d'anatomie qui prouvent qu'il s'occupa de la structure des animaux, et qu'il les disséqua lui-même. Partout enfin il se montre habile observateur des faits, et son style clair, simple, précis et sans chaleur, est parfaitement accommodé à sa méthode.

Après Aristote, on ne trouve guère, parmi les philosophes grecs, qu'Athénée et le poète Oppien, auteur de *la Chasse* et de *la Péche*, qui nous aient transmis quelques documens d'histoire naturelle.

Pline et Elien parurent plus tard au milieu des Romains, plutôt comme compilateurs que comme de véritables naturalistes. Ce dernier vivait à Rome sous les règnes d'Héliogabale et d'Alexandre Sévère ; il laissa un traité *De la nature des animaux* écrit dans la langue grecque, pour laquelle il avait un goût décidé.

Pline, connu aussi sous le nom de Pline le Naturaliste ou de Pline l'Ancien, joua un plus grand rôle. Il naquit sous le règne de Tibère, la 23ᵉ année de l'ère vulgaire. La ville de Come et celle de Vérone se disputèrent l'honneur de lui avoir donné le jour. Il vint de bonne heure à Rome, où, malgré sa jeunesse, il remarquait avec curiosité les productions de la nature, et surtout les animaux que les empereurs donnaient en spectacle dans les jeux publics. Il raconte avec intérêt, et comme témoin oculaire, un combat livré par ordre de Claude, et devant tout le peuple assemblé, à un grand cétacé qu'on avait pris vivant dans le port d'Ostie. Bien que sa vie fût partagée entre la profession des armes, les sciences et même le barreau, il conçut et exécuta sur un vaste plan son *Histoire naturelle* en trente-sept livres, seul ouvrage qui nous soit resté de lui. Pline ne s'y propose pas seulement de traiter, en particulier, de l'histoire des animaux, des plantes et des minéraux, mais il embrasse l'astronomie, la physique, la géographie, l'agriculture, le commerce, la médecine et les arts, tout en se livrant à la connaissance morale de l'homme et à l'histoire des peuples. C'est comme une encyclopédie entière, une vaste compilation, où l'auteur, après avoir puisé partout un grand nombre de faits, se borne à les rapporter et reste auteur sans critique. Son histoire naturelle, d'après son propre témoignage, se compose d'extraits de plus de deux mille volumes dus à des auteurs de tous genres. Il aime à rapporter les histoires merveilleuses et les contes puérils des voyageurs grecs, sur les hommes sans tête ou sans bouche, les hommes à un seul pied, ou à grandes oreilles, les animaux fabuleux à tête humaine, à queue de scorpion, les chevaux ailés, et le Catoplébas dont la vue seule fait périr. Néanmoins, ses écrits n'en ont pas moins été un vaste monument de constance et de savoir transmis à la reconnaissance de la postérité.

Pline mourut, peu de temps après l'accomplissement de son œuvre, d'une mort tragique dont nous rapporterons quelques détails fournis par Pline le Jeune, son neveu, qui fut témoin oculaire de ce funeste événement.

C'était le 23 août, Pline était à Misène, où il commandait la flotte ; sa sœur vint l'avertir qu'un nuage d'une grandeur effrayante commençait à se montrer. Pline se lève, monte en un lieu d'où il pouvait aisément observer, et voit, au loin, en effet, un nuage qui prenait en s'élevant et en s'étalant la forme d'un arbre. Ce ne fut que plus tard que l'on sut que ce nuage sortait du mont Vésuve. Au milieu de l'épouvante générale, il fait appareiller sa frégate légère, et tandis que tout fuit, il s'avance vers le péril en dictant ses observations. Déjà, sur ses vaisseaux, volait la cendre plus épaisse et plus chaude à mesure qu'ils approchaient. Déjà tombaient autour d'eux des pierres calcinées et des cailloux tout noirs, tout brûlés et réduits en poudre par la violence du feu. Déjà la mer semblait refluer et le rivage devenir inaccessible par des morceaux entiers de montagnes dont il était couvert. Pline s'approche alors de Pomponianus placé tout près, et qui n'attendait qu'un vent moins contraire pour s'éloigner ; il l'aborde, l'embrasse, et pour le rassurer, se fait porter au bain, soupe ensuite avec sa gaîté ordinaire, et se livre à un sommeil calme et profond. Cependant on l'éveille, le danger s'accroît, le Vésuve est en flammes, et offre des embrâsemens dont les ténèbres augmentent l'éclat. Les maisons sont ébranlées jusque dans leurs fondemens par la fréquence des tremblemens de terre ; on fuit sur le rivage en se couvrant la tête d'oreillers pour se garantir de la chute des pierres lancées par le volcan, la mer est grosse et agitée. Pline conserve toute son intrépidité, demande de l'eau, boit deux fois, et se couche sur un drap, qu'il fait étendre, et qui devint sa dernière demeure, car il fut bientôt suffoqué par la fumée et les vapeurs sulfureuses. Trois jours après seulement, on revit la lumière, et son corps fut trouvé dans l'attitude calme d'un homme qui repose.

Après l'âge de la philosophie, et après la mort de Pline, l'histoire naturelle fut longtemps privée de généreux prosélytes, et se ressentit pendant plusieurs siècles des ténèbres de la civilisation. Elle devint le seul partage de la médecine, et comme le domaine exclusif de la pharmacopée : les plantes n'étaient appréciées que sous le rapport de leurs vertus médicinales, et entièrement destinées à la composition des philtres et des onguens ; les tortues, les grenouilles et les vipères n'avaient guère de prix que comme nécessaires à la confection de certains bouillons.

A la renaissance des sciences et des arts, et au commencement du XVIe siècle, trois noms nouveaux vinrent, entr'autres, marquer le retour à l'étude des sciences naturelles : Gessner, qui fut pour son temps un prodige d'application et de savoir, et qui fut surnommé le *Pline de l'Allemagne.* Né à Zurich en 1516, il vint étudier

la médecine à Bourges, puis à Paris, à Stras-
bourg, à Montpellier, et enfin à Bâle, ou il
fut reçu docteur en médecine. Il fit plusieurs
voyages, publia différens travaux, et au
milieu de toutes ses occupations, il ne laissa
pas de réunir de toutes parts les matériaux
d'un grand ouvrage sur l'*Histoire naturelle*,
dont il avait conçu le plan dès sa première
jeunesse. De nombreux amis que son mérite
lui avait procurés presque dans toute l'Europe, lui envoyaient les figures et les notices
des productions de leurs climats, ou même
les objets en nature, qu'il faisait peindre et
graver. Enfin, Gessner écrivit sur les trois
règnes de la nature ; mais le plus beau et le
plus durable de ses livres sur l'histoire naturelle, c'est son *Histoire des animaux*. Il y
traite successivement des quadrupèdes, des
oiseaux, des poissons et autres animaux aquatiques, des serpens et des insectes. Cet ouvrage peut être considéré comme la première
base de toute zoologie moderne ; il a fait le
fonds d'écrits bien plus récens.

Belon est, après Gessner, un second fondateur de l'histoire naturelle au XVIe siècle. Né
dans le Maine en 1518, il se livra à l'étude de
la médecine, voyagea beaucoup, et recueillit,
soit dans les anciens ouvrages, soit dans la

nature, un grand nombre de faits dont il enrichit la science. Il fut d'abord botaniste et donna différens écrits sur les plantes et sur leur culture ; mais il produisit aussi des ouvrages estimés sur les animaux. Parmi ceux-ci on peut citer :

1° *L'histoire naturelle des étranges poissons marins, avec leurs pourtraicts gravés en bois : plus la vraie peinture et description du dauphin et de plusieurs autres rares de son espèce*, imprimée à Paris en 1551.

2° *La nature et diversité des poissons, avec leurs pourtraicts représentés au plus près du naturel.* 1555.

3° *De la nature et diversité des poissons, avec leurs descriptions et naïfs pourtraicts, en sept livres*, de la même année.

4° *L'histoire des poissons, traitant de leur nature et propriété, avec les pourtraicts d'iceux*, imprimée en latin et en français, en 1555.

5° *L'histoire de la nature des oiseaux, avec leurs descriptions et naïfs pourtraicts, retirez du naturel*, même année.

6° *Enfin, pourtraicts d'oiseaux, animaux, serpens, herbes, arbres, hommes et femmes d'Arabie et d'Egypte.* Paris, 1557, 1618.

Aldrovende, professeur à Bologne et contemporain de Gessner et de Belon, bien qu'auteur inférieur en mérite à ces deux derniers dont il ne fut presque que le compilateur, doit au moins être cité en ce qu'il fut un des naturalistes les plus zélés du XVI° siècle, et qu'il employa sa fortune et sa vie à recueillir les matériaux de sa grande *Histoire naturelle*, publiée en treize volumes in-folio, que nous possédons aujourd'hui, et dans laquelle les naturalistes peuvent puiser quelques détails intéressans qu'on ne trouve pas ailleurs.

Environ un siècle et demi s'était écoulé, lorsque la même année 1707 vit naître, l'un dans un village de Suède, l'autre en France, à Montbar en Bourgogne, deux hommes dont les noms sont une des plus puissantes illustrations du XVIII° siècle, et qui semblèrent fixer définitivement les bases et le goût de l'histoire naturelle, *Linné* et *Buffon*.

Linné fut d'abord, comme la plupart des grands hommes, élevé à l'école de l'adversité. Passionné pour l'étude des plantes, il quittait l'école latine pour aller courir la campagne et s'y livrer à son goût dominant. Son père, saisissant mal ses dispositions, le jugea impropre à l'étude et le mit en apprentissage chez un cordonnier. Heureusement pour lui, un médecin plus pénétrant que son père le plaça chez un naturaliste qui le seconda dans ses études, et lui fournit les moyens de se rendre à l'Université d'Upsal, où il fut encore si malheureux qu'il ne subsistait qu'en donnant des leçons de latin à d'autres écoliers, bien qu'il ne le sût guère lui-même, et l'on assure qu'il était réduit à raccommoder pour son usage les vieux souliers de ses camarades.

De cette misérable condition, s'éleva cependant, par la seule puissance de son génie, un homme destiné à rendre son nom mémorable dans toutes les parties du monde, associé à toutes les Académies de l'Europe, anobli, décoré par son souverain, honoré par tous les princes, demandé par le roi d'Espagne, par le roi d'Angleterre, et à qui Louis XV ne dédaignait pas d'envoyer des graines recueillies de sa propre main.

Linné eut une grande influence sur son époque comme classificateur ; il opéra une grande réforme dans les méthodes et dans les nomenclatures adoptées jusqu'alors pour les études de l'histoire naturelle. Son *Système de la nature* embrassait les trois règnes, dont il s'était occupé de distribuer et de classer ri-

goureusement les produits. Mais ce fut surtout comme botaniste que sa réputation fut
complète; il créa ce fameux système fondé
sur la seule considération des organes repro-
ducteurs des plantes, encore en vigueur en
bien des lieux. En minéralogie, il fut moins
heureux, et en zoologie son rôle resta inférieur devant un rival aussi haut placé que
l'était alors Buffon. Enfin, Linné mourut à
l'âge de 71 ans, après avoir imprimé aux
sciences naturelles un mouvement aussi
étendu que régulier.

Buffon, ingénieux travailleur, était déjà à
l'âge de 26 ans membre de l'Académie des
Sciences. Il n'était pourtant pas encore naturaliste; ce fut une circonstance toute particulière qui, six ans plus tard, amena définitivement son génie à cette application spéciale.

Le Jardin du Roi, fondé à Paris et définitivement érigé en 1635 sous le nom de *Jardin
des plantes médicinales*, n'était guère qu'une
succursale des écoles de médecine, livrée à la
surintendance des premiers médecins de la
cour, comme une annexe lucrative de leur
emploi. Le dépérissement de l'institution,
uniquement exploitée dans des vues intéres-
sées et personnelles, souleva la clameur pu-
blique, et la direction du Jardin du Roi fut

retirée aux médecins de la cour et confiée à
Dufay. Ce jeune savant fut bientôt lui-même
atteint d'une maladie mortelle, et à l'insinua-
tion de Hellot de l'Académie des Sciences, il
désigna Buffon pour son successeur et le gou-
vernement agréa la proposition.

Buffon arriva donc sans y être préparé, à
l'âge de 32 ans, à la direction du Jardin du
Roi, ignorant les règles de l'association des
êtres et de leur distribution dans des classifications. Appelé ainsi à utiliser les moyens
puissans d'un grand état applicables à l'histoire naturelle, il médite la création d'un
grand ouvrage et l'annonce sous le nom d'*Histoire naturelle, générale et particulière*.
C'est par le règne animal qu'il débute; peu
soucieux et peu instruit des détails de la
science, il dédaigne les classifications et les
méthodes et il attaqua plus d'une fois Linné
sur ce chapitre. Peu fait pour les détails et sa
vue aussi se refusant à le servir pour ce genre
d'observations et de descriptions, puisqu'il
était né myope, il s'adjoignit *Daubenton* qu'il
chargea du détail des formes zoologiques et
anatomiques, et lui-même réserva son application tout entière aux aperçus des faits généraux et aux vues philosophiques si brillantes, si abondantes dans ses écrits. Buffon

cependant faisait son éducation au fur et à mesure de la publication de ses volumes, et s'il s'était montré hostile aux classifications, il finit par en sentir la nécessité. Lorsqu'après avoir traité des animaux domestiques, des bêtes fauves de l'Europe, puis des animaux étrangers, il en arrive à la description des singes, il les groupe d'après leurs rapports naturels et perfectionne la classification.

Mais là n'est pas encore Buffon tout entier ; ce n'est que vingt-cinq ans plus tard, lorsque, penseur et écrivain progressif, il eut atteint toute la hauteur de son génie, qu'il se montra véritablement grand dans ses *Epoques de la nature* ; sa théorie de la terre révèle dans l'auteur non seulement l'imagination hardie et féconde d'un romancier prenant pour héros de ses drames des soleils et des mondes entiers, et pour épisodes les catastrophes qui en bouleversent la face, mais encore un plan grandiose se déroulant par une synthèse majestueuse de l'ensemble aux détails.

Buffon rendit encore bien d'autres services à son pays. Il devint le second fondateur du Jardin des Plantes par l'accroissement en étendue et l'impulsion forte et philosophique qu'il lui imprima. Il l'enrichit d'échantillons rares et curieux venus de toutes les parties du monde, et l'ancien *droguier* ou dépôt des produits pharmaceutiques fit place aux premiers fondemens d'une magnifique galerie d'histoire naturelle. Enfin il mourut à Paris le 16 avril 1788, âgé de quatre-vingt-un ans, après avoir donné à l'histoire naturelle une impulsion qui depuis ne s'est plus ralentie.

Le XVIIIe siècle vit encore *Fabricius*, élève de *Linné*, qui s'occupa spécialement des insectes, et chercha à établir un système complet de classification parmi ces êtres, par des caractères empruntés à la structure de leur bouche seulement, comme Linné son maître avait fait à l'égard des plantes qu'il classait d'après les caractères seuls de leur floraison. *Bonnet*, parcourant d'autres voies, chercha le mécanisme des êtres organisés, et leurs rapports avec les élémens qui les environnent, dans ses *Considérations sur les corps organisés*, et dans son livre sur l'*Usage des feuilles*. Puis cherchant à développer, dans sa *Contemplation de la nature*, ce principe de Leibnitz, que la nature ne fait point de sauts, mais passe par gradations d'une création à l'autre, il ne l'applique pas seulement aux événemens successifs et à l'enchainement des causes et des effets, mais encore à la nature et à l'organisation des êtres, dont il forme une échelle où l'on descendrait par degrés de l'être suprême aux corps les plus simples et les moins doués de propriétés.

Pallas vint alors aussi comme intermédiaire à ces deux modes de procéder. Il ne borna pas ses travaux à jeter quelque jour dans les classes inférieures d'animaux, à la fois les plus simples et les plus mal connues; il contribua à éclairer la théorie de la terre par ses observations sur la formation des montagnes de la Sibérie, et par ses recherches sur les ossemens fossiles. Au lieu de trois règnes de la nature, il n'en admit que deux, le règne *minéral* et le règne *organique*. Les plantes n'étaient pour lui, pour ainsi dire, qu'une des classes de ce dernier règne, comme les quadrupèdes, les poissons et les insectes en sont d'autres. En admettant toutefois ce rapprochement des deux règnes, il n'a garde d'admettre aussi cette échelle unique des êtres, à laquelle le talent de *Bonnet* venait de donner beaucoup de vogue. Il présenta au contraire les différens genres et les différentes espèces d'êtres organisés, comme formant un arbre qui donnerait une multitude de branches latérales qu'il serait impossible de disposer sur une seule ligne sans faire violence à la nature. En un mot, dans ses tra-

vaux zoologiques, il prit hardiment pour mo-
dèles, quoique jeune encore, *Buffon* et son
collaborateur *Daubenton*, et se chargea à lui
seul de leur double travail, sans se laisser
éblouir par leur autorité, joignant encore à la
sagacité de l'un, et à l'exactitude patiente de
l'autre, ces vues méthodiques et rigoureusement coordonnées par tous les deux. Il ne se
laissa pas plus imposer par *Linné* que par
Buffon, il fit voir qu'un seul caractère ne
peut suffire à classer les êtres, mais qu'il faut
consulter l'analogie entière de leur structure.

Décidément, deux voies étaient ouvertes à
l'investigation dans les sciences naturelles,
celle des détails et de leur coordination, et
celle des spéculations philosophiques. Linné
et Buffon s'y étaient engagés chacun de leur
côté de manière à les indiquer nettement. Ce
furent depuis, d'un côté, des naturalistes qui
se spécialisèrent plus ou moins, tels que *La-
treille* se renfermant dans l'étude des testacés
et des insectes, puis *Cuvier* marchant sur les
traces d'*Aristote*, par la lucidité admirable de
ses rédactions, et s'élevant à la fois par la jus-
tesse de ses vues comme naturaliste classificateur. D'un autre côté, ceux qui se proposent
d'atteindre la raison des choses, tels que *Lamarck*, adoptant les vues de Bonnet et for-

mant une échelle graduée des êtres, à partir des plus simples jusqu'à ceux qui sont dans le plus grand état de perfection, comme *Geoffroy Saint-Hilaire*, éclairant toute la zoologie régulière, et jusqu'à ses conditions de monstruosités autrefois si incompréhensibles, par quelques lois de la plus grande simplicité et de la plus haute philosophie. Enfin *Gœthe*, *Carus*, et en général toute l'école philosophique allemande, arrivant en même temps aux mêmes données d'*unité* dans la composition des êtres.

Ce n'est point ici qu'il est possible de discourir sur ces deux grandes questions, ni de les faire connaître dans leurs détails; elles arriveront tout naturellement et à leur place à la fin de cet ouvrage, alors que le tableau des êtres animés aura été déroulé tout entier sous nos yeux et que nous pourrons être juges plus compétens. Qu'on se rappelle ici seulement ce qui a été dit au commencement, et l'on verra l'importance de ces deux modes de procéder. L'esprit humain ne suffirait jamais, il est vrai, à la connaissance des faits qui lui importent, s'il ne les divisait et ne les classait convenablement; mais aussi ne serait-il pas à jamais regrettable d'avoir méconnu ces hautes conceptions, capables de traduire en des lois de facile application la plus grande généralité des faits, en cachant notre incapacité sous la forme du dédain? Autant vaudrait nier la science des Keppler et des Newton. Que d'hommes aussi et dans toutes les branches du savoir, sous le vain prétexte d'une fausse réserve, se font de simples ouvriers à force d'abandonner les vues d'ensemble! Pourquoi ne méditeraient-ils pas ces paroles que j'emprunte à notre maître de l'école philosophique des sciences naturelles en France: « S'élever au-dessus de cette fourmilière d'hommes qui s'individualisent et s'absorbent dans les sens de la vie matérielle; aborder de front toutes les données de l'univers; enfin, penser à comprendre les rapports des choses, à les traduire et à les expliquer : c'est entrer dans le sein de Dieu, c'est s'y complaire avec appétence des brillans résultats de cette célèbre sentence : *connaître la raison des choses;* c'est, par ce haut exercice de la pensée, engager plus avant l'humanité dans les routes du savoir, dans les fins de notre infinie perfectibilité. »

Il devient maintenant nécessaire de donner quelques éclaircissemens sur ce qu'on entend par *classification*, car un ordre méthodique est nécessaire à une exposition quelconque, et c'est surtout lorsqu'il s'agit de connaître un nombre aussi prodigieux d'êtres qu'en renferme le règne animal, qu'il faut d'avance avoir une idée des moyens qui ont servi à les coordonner.

Une *classification* est un mode d'arrangement purement conventionnel ; ainsi, autrefois, lorsque les connaissances en histoire naturelle étaient très bornées, on se contentait de réunir les êtres, selon qu'ils venaient de telle ou telle contrée, selon les usages auxquels ils étaient destinés, ou bien encore, selon un ordre alphabétique. *Belon*, dans son grand ouvrage, n'emploie pas d'autre procédé; il range les animaux par ordre alphabétique de leurs noms latins. D'autres fois, on prenait un point de comparaison chez l'animal lui-même, tel que la bouche, par exemple. Tous ces procédés artificiels se nomment *systèmes*.

Plus tard les caractères propres à réunir les êtres par groupes, ont été pris, non en dehors, mais chez ces êtres eux-mêmes, et dans le plus ou moins de ressemblance qu'ils pouvaient offrir entre eux, et dans leur organisation tout entière. Ces moyens, beaucoup plus naturels que les précédens, ont reçu le nom de *méthodes*, et sont les seuls employés aujourd'hui.

I. HISTOIRE NATURELLE.   2

Un être isolé se nomme un *individu*. Parmi le nombre d'individus qui existent sur la terre, il en est certes qui ne se ressemblent nullement ; mais il en est aussi qui se ressemblent au point d'être presque identiques, sauf quelques variations accidentelles. Tous les individus qui ont de tels rapports sont dits de la même *espèce*. L'espèce est définie aussi par *Cuvier*, « la réunion des individus descendus l'un de l'autre ou de parens communs, et de ceux qui leur ressemblent autant qu'ils se ressemblent entre eux. » Ainsi, pour en faire une application, tous les chiens se ressemblent entre eux, et diffèrent des loups qui se ressemblent à leur tour ; alors il y a là deux espèces différentes. On en dira autant des tigres, des chats, des cerfs ou des chevreuils.

Mais parmi ces espèces elles-mêmes, il en est qui ont beaucoup plus de rapports entre elles que les autres ; alors on commence à faire des groupes d'espèces qui portent le nom de *genres* ; ainsi, les espèces chien et loup sont réunies dans un seul genre, qui porte le nom de l'espèce dont les caractères sont plus saillans, c'est le *genre chien* ; le tigre, le chat et la panthère sont du *genre chat* ; le chameau et le dromadaire, du *genre chameau*; le daim, le cerf et le chevreuil, du *genre cerf*.

Si maintenant on cherche parmi les *genres* eux-mêmes les traits communs de ressemblances ou de différences, on forme un troisième groupement qui porte le nom d'*ordre*. Le genre chien et le genre chat, par exemple, sont composés d'animaux qui ne se nourrissent que de chair; ils forment alors l'*ordre des carnassiers*; les genres cerfs et chameaux, au contraire, qui ne se nourrissent que d'herbes, et qui de plus ont tous la faculté de mâcher de nouveau les alimens avalés, ce qu'on appelle ruminer, sont de l'*ordre des ruminants*.

Enfin, les ordres se groupent encore pour former ce qu'on nomme les *classes*, et les carnassiers et les ruminans appartiennent à la *classe des mammifères*, c'est-à-dire, à ce groupe d'animaux, qu'on désignait autrefois sous le nom de quadrupèdes.

Voici, pour rendre l'exemple plus frappant, le tableau des groupes dont il vient d'être question :

Classes.	Ordres.	Genres.	Espèces.
LES MAMMIFÈRES.	Les carnassiers.	Les chiens.	Le chien. / Le loup. / Le chacal. / Le renard.
		Les chats.	Le lion. / Le tigre. / La panthère. / Le chat.
	Les ruminans.	Les chameaux.	Le chameau. / Le dromadaire.
		Les cerfs.	Le cerf. / Le daim. / Le chevreuil.

Ainsi dans le règne animal qui va nous occuper, se trouveront cinq sortes de groupemens successifs, ainsi qu'il suit, le *règne* comprenant lui-même toutes les classes.

1.   ESPÈCE.

2. genre. genre. genre. genre. genre. genre. genre. genre.

3.   ordre.   ordre.   ordre.   ordre.

4.   classe.   classe.

5.   RÈGNE.

Là ne se borne pas le terme des divisions ; les *espèces* se divisent en *variétés*, et même celles-ci en *sous-variétés*. Puis quelques naturalistes admettent des *sr us-genres* et des *sous-classes.* Enfin, il y a entre le genre et l'ordre une sorte de division souvent fort naturelle, et qu'on nomme *familles.*

Dans chaque *espèce*, chaque *genre*, chaque *famille*, chaque *ordre* et chaque *classe*, existe une foule de petits groupemens accessoires qu'on nomme des sections, qui n'ont pas la constance dans leur valeur et dans leur existence des groupes principaux que nous venons d'indiquer. Il faut savoir aussi que les classes peuvent se réunir entre elles ; ces réunions forment alors ce qu'on nomme des *embranchemens.* Les diverses classes qui composent le règne animal d'après Cuvier et que nous adoptons dans cet ouvrage, sont comprises dans quatre embranchemens, comme il suit :

Embranchemens.	| **Classes.**
	Microscopiques.
	Polypes.
Zoophytes.	Acalèphes.
	Echinodermes.
	Vers intestinaux.
	Acéphales.
	Gastéropodes.
Mollusques.	Ptéropodes.
	Céphalopodes.

Embranchemens.	Classes.
Articulés.	Annélides. Cirrhipèdes. Crustacés. Arachnides. Insectes.
Vertébrés.	Poissons. Reptiles. Oiseaux. Mamnifères.

On voit qu'une classification serait assez bien figurée par un arbre, dont le tronc se diviserait et se subdiviserait indéfiniment en branches, en rameaux et en ramuscules. La ressemblance paraîtra plus grande encore si l'on considère que l'art ici ne peut redresser les inégalités de la nature, et que chacun des embranchemens ou des rameaux, comme ceux d'un arbre réel, diffèrent en étendue et en nombre, autant que les êtres que nous voulons ainsi distribuer, peuvent eux-mêmes différer en nombre ou en analogies.

Mais si l'on demandait maintenant au classificateur quelles sont les règles rigoureuses et les limites de sa méthode, dans quel cas on pourra affirmer qu'un certain nombre d'êtres formant un groupe, doivent porter le nom de *genre*, par exemple, ou celui *d'espèce*, ou bien si l'on exigeait une définition différentielle de ce qu'on doit appeler un *ordre* ou une *famille*, le naturaliste serait obligé de répondre que la science ne possède aucune donnée fixe à cet égard, et que tout est ici confié à l'arbitraire, au sentiment et au savoir faire de chacun.

Il ne faut donc chercher nulle part une limite bien nette et bien tranchée dans une chose qui ne se trouve pas dans la nature et qui est toute de convention. Beaucoup d'êtres ne se prêtent nullement à ces arrangemens ; ils passent à des différences fort grandes par des gradations insensibles, à tel point, que beaucoup peuvent appartenir à deux groupes en même temps, et que, chose remarquable, plus on s'enrichit en espèces nouvelles, plus les classifications s'embarrassent et plus nous voyons nos lignes de démarcations s'effacer. Il faut ici s'en tenir sagement aux points culminans des groupes, qui suffisent à mettre de l'ordre dans nos travaux, sans vouloir absolument chercher leur limite qui s'évanouit sans cesse ; l'observateur est placé ici comme devant l'arc-en-ciel, dont il peut admirer et distinguer parfaitement les couleurs primitives, sans pouvoir trouver la ligne qui sépare ses

nuances délicates, il doit se dire nécessairement :

Au bord de l'infini ton cours doit s'arrêter,
Là commence un abîme, il le faut respecter.

Nous ne dirons rien de la nomenclature qui,
en général, suit les variations de la classification. Ne pouvant embrasser tous les élémens
d'un être, elle en contient au moins, pour ainsi
dire, une courte description. Il est à regretter
seulement que dans une science douée d'autant d'attraits que l'histoire naturelle, l'usage
de noms barbares et repoussans, vienne trop
souvent décolorer un sujet qui par lui-même
est si brillant et si gracieux.

Ce qu'il importe de savoir, c'est que l'histoire naturelle n'est point un vain objet de
curiosité. Indépendamment de l'attrait et de
la passion même qu'elle inspire, son but est de
nous amener à la connaissance de la nature
au sein de la quelle nous vivons, qui nous as-
sujettit, et qu'à notre tour nous assujettissons
sans cesse. L'hygiène y trouve signalées les
classes d'êtres dangereux, la nourriture la
plus saine et la plus abondante, en un mot,
toutes ses prévisions de santé. La médecine y
cherche dans la structure comparée des êtres
animés le secret de la vie, et quelques lois
capables d'éclairer davantage ses allures con-

jecturales. Les arts et l'industrie humaine y trouvent indiqués des êtres et des produits qui peuvent être utilisés de mille manières. La chasse, la pêche, l'agriculture, l'acclimatement et l'éducation des espèces utiles à l'homme, peuvent y puiser un grand nombre d'indications utiles. Cette science, qui pique si fort notre curiosité, n'enrichit-elle pas aussi de faits nobles et brillans l'orateur et le poète? Elle détruit les préjugés si contraires au bonheur de l'homme, charme la solitude et remplit le cœur de la joie la plus pure et de la plus sublime contemplation, et ne prend souvent de la vie, qu'une part qui n'eût été donnée peut-être qu'à de fâcheuses passions.

Est-il besoin d'ailleurs de chercher le *pourquoi*, lorsqu'il s'agit de savoir, et chaque connaissance, quelle qu'elle soit, ne nous dévoile-t-elle pas un des rouages de ce jeu universel qu'il nous importe tant de connaître? Tout est solidaire dans la nature; ce ne fut pas en regardant les astres que Newton découvrit la loi de la gravitation planétaire, mais bien en contemplant le fruit d'un pommier. L'agronome à son tour demandera compte à la physique et à l'astronomie de la périodicité des saisons, de leurs vicissitudes, de la diversité des climats, de la rareté et de l'abondance de ses récoltes. Le plus petit des animalcules absorbe l'atmosphère pour la concréter en des amas pierreux qui changent la face des mers, et lui seul peut-être peut nous expliquer une partie des grands événemens du globe. Enfin, le géologue cherche dans les êtres vivans l'analogie de ses pétrifications, et le zoologiste interroge les terrains et les roches pour compléter l'histoire de ses animaux. Ce qui est dit ici des diverses branches des sciences naturelles, s'étendrait également à toutes les sciences humaines, et prouverait que, si quelque chose en fait de savoir, pouvait attirer un regard de dédain, ce ne serait guère que l'état trop souvent restreint de notre intelligence.

L'ordre adopté dans cet ouvrage est de procéder sans cesse du simple au composé, de décrire les individualités ou les groupes les plus petits, avant de former les grandes divisions et de rendre compte de leurs caractères généraux. Par ce moyen, le lecteur assistera en quelque sorte à la complication croissante des organes, et aura acquis sans effort à la fin de l'ouvrage, avec la connaissance des êtres qui composent la zoologie, celle des lois générales de l'anatomie et de la physiologie, inséparables aujourd'hui de la science du naturaliste.

Pl. 1.

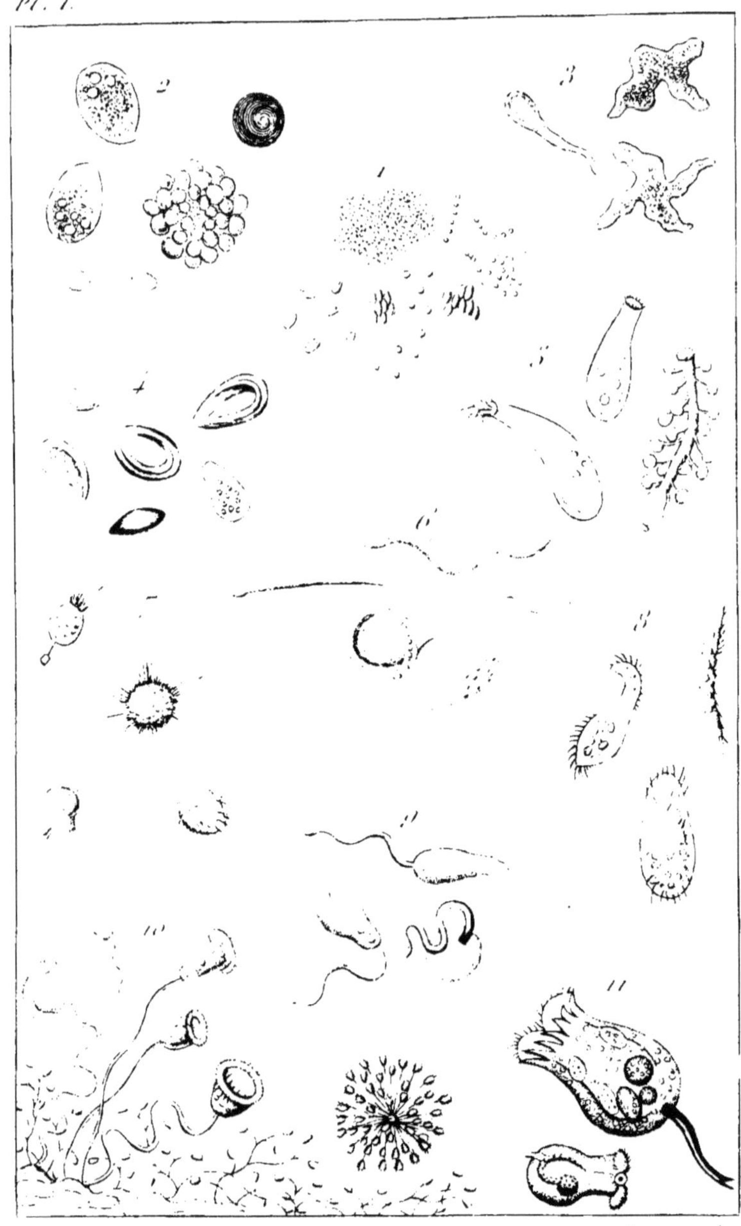

1. Monades 2. Microscopie Rotifère 4. Cyclides
5. Enchelides 6. Vibrions 7. Cercaires 8. Kérones
9. Cercaires 10. Vorticelles 11. Brachions.

GALERIE ZOOLOGIQUE.

DES ZOOPHYTES. (1)

CLASSE DES ANIMAUX MICROSCOPIQUES.

CHAPITRE PREMIER.

§ 1ᵉʳ. — *Microscopiques dont le corps est sans appendices.*

LES MONADES.

Si dans la saison chaude de l'année, vous placez sur le porte objet d'un microscope, une goutte d'eau, dans laquelle vous aurez laissé infuser et se décomposer des plantes ou des matières animales, vous ne tarderez pas à

(1) **Zoophytes** signifie *animaux-plantes.*

voir une vie nouvelle surgir de ces débris, et une multitude d'êtres que leur petitesse déroberait à votre vue, sans le secours de l'instrument. s'agiter en tous sens sous vos yeux. Au milieu de mille formes variées, vous observerez des corps d'une simplicité extrême ; une sorte d'atômes globuleux, transparens, homogènes, sans la moindre apparence d'aucune molécule constitutrice ni d'aucun organe, ce sont là des *monades*.

Une monade, et de là vient son nom, est une molécule isolée, jouissant d une vie propre et individuelle, n'ayant la forme sphérique probablement qu'à cause de sa fluidité, et de l'égalité de pression que le liquide dans lequel elle vit exerce sur tous ses points. Sa vie est la plus simple possible, et se réduit à une imbibition, opérée sur toute la surface, suffisant sans doute à la nutrition, premier phénomène indispensable à toute existence organique, et à une scission de leur corps, qui à certaines époques semble acquérir un excès de vitalité et d'expansion, qui l'amènent à se diviser naturellement en plusieurs parties qui devenaient elles-mêmes autant d'individus distincts.

On serait tenté de refuser les honneurs de l'animalité à de pareils êtres, et de les rejeter parmi les classes moins élevées du règne végétal, si leur forme déterminée et libre, leurs rapports avec les êtres plus compliqués dont l'étude va suivre, et surtout leurs mouvemens qui leur permettent de tourner sur eux-mêmes, ou de se rouler les uns sur les autres, n'étaient autant de caractères uniquement propres aux animaux.

Les globules ou les molécules sphériques, sont l'élément constituant de tous les corps organisés ; ils semblent être, aux édifices vivans, ce que sont les pierres à nos maisons et à nos palais. Aussi arrive-t-il qu'à leur mort ceux-ci se désagrègent en êtres monadaires, rendus alors à leur liberté et à leur vie individuelle. Il semble aussi que la monade, comme dernier résultat de l'analyse anatomique des deux règnes, en soit aussi le point de départ, et qu'elle puisse, selon certaines circonstances impossibles à déterminer, passer, par une admirable métamorphose, d'un règne dans un autre.

Les *monades* ne sont point toutes identiquement les mêmes ; elles varient de forme selon les eaux où on les trouve, et selon la nature du corps désorganisé qui les a produites. Ce sont là autant d'espèces différentes, que l'on distingue entre elles par des noms différens, capables de les caractériser plus ou moins. La première espèce ou *monade terme*, semble le dernier terme de petitesse et de division possible de la matière organisée ; on les voit se produire dans les eaux où ont été désorganisées des matières animales ou végétales, en nombre incalculable.

La *monade atôme*, entièrement petite et qui naît dans l'eau de mer long-temps conservée.

La *monade point*, apparaissant comme un point noir, et qui résulte de l'infusion de la pulpe de poire.

La *monade œil*, née dans les eaux stagnantes où sont des conserves et des plantes aquatiques, et qui est tachée d'un point au centre comme une sorte d'œil.

La *monade lente*, commune dans toutes les eaux, en forme d'œuf et transparente.

La *monade luisante*, qui se trouve dans les eaux les plus pures, varie de la forme ovale à la forme ronde, oscillant dans l'eau ou tournant sur elle-même.

La *monade tranquille*, qui se forme dans l'urine croupie.

Enfin, *la monade poussière*, transparente, et qu'on trouve dans l'eau des marais.

LES VOLVOCES.

Après la monade, l'être le plus simple de l'échelle animale, c'est le volvoce. Sa petitesse le rend le plus souvent invisible à l'œil nu, mais si l'on soumet au microscope des eaux douces provenant des marais, des fontaines, ou d'infusions végétales, ou bien de l'eau de mer, on aperçoit le volvoce, semblable à un amas de monades bien circonscrit et comme enveloppé dans un sac commun entièrement transparent. Rien ne saurait en donner mieux une idée que de se figurer une infinité de globules de toute taille semblables aux petites bulles écumeuses que produit la salive et dont la réunion formerait une petite boule. L'intérieur de cette boule semble s'agiter en divers sens; tandis que la masse, outre un mouvement de contraction qui fait changer sa forme sphérique en une forme ovoïde plus alongée, tourne seulement sur elle-même, ce qui lui a valu sans doute son nom de volvoce, ou se balance de droite à gauche.

Le mode de nutrition de ces animaux ne diffère pas sans doute de celui des monades; quant à leur propagation, elle s'opère aussi par la division de leur propre substance; mais ici l'on voit évidemment les molécules constituantes de l'animal, se séparer de la masse commune et sortir par une sorte de déchirure qui se flétrit ensuite. « La multiplication la plus extraordinaires que j'aie observée, dit Spallanzani, est celle de quelques globules animées qui se roulent comme des pelotons dans les infusions de lentilles aquatiques, où on peut les apercevoir sans microscope ; ils sont extérieur. ment couverts de tumeurs; ces tumeurs sont formées de plusieurs animalcules, mis l'un sur l'autre, et qui cherchent à se mettre en liberté. Imaginez un corps presque rond, formé de couches concentriques, dont chacune est un agrégat de petits animaux, vous aurez une idée assez juste de ces globules. »

Spallanzani ayant isolé quelques-unes des molécules qui s'étaient détachées de l'animal ou peloton qu'il observait, il vit avec surprise que chacune d'elles nageait isolément et finit par devenir une agglomération ou être semblable à celui dont il s'était détaché. Dès 1779 Müller avait observé dans les eaux douces, une espèce de volvoces qui lui sembla être une réunion de monades agglomérées en rosette, sur des tiges aquatiques qui lui paraissaient des sertulaires d'eau douce. Puis il les vit se séparer, se mouvoir lentement à part et passer ainsi de la vie commune et sédentaire à la vie libre et errante.

Les volvoces n'ayant pas tous une forme identiquement la même, on les a divisés en plusieurs espèces qui sont les suivantes :

1° Le *volvoce point*, globule noirâtre, ayant un point transparent au centre, et que l'on trouve dans l'eau de mer croupie.

2° Le *volvoce grain*, qui se trouve dans les marais, sous la forme d'un globule vert, dont la circonférence est transparente.

3° Le *volvoce globule*, de forme globuleuse comme son nom l'indique.

4° Le *volvoce pilule*, verdoyant et habitant les eaux les plus pures, où croissent les lentilles aquatiques.

5° Le *volvoce grésil*, opaque, dont les globules intérieures sont immobiles, et qui vit dans les eaux douces.

6° Le *volvoce social*, composé de molécules transparentes, toutes placées à une égale distance, et qui se trouve dans l'eau des rivières.

7° Le *volvoce sphérule*, qui se trouve en automne dans l'eau des étangs, et entièrement formé de molécules arrondies et toutes semblables.

8° Le *volvoce globuleux*, assez gros pour être aperçu à la vue simple , formé de globules épars enfermés dans une sorte de membrane sphérique. On le trouve dans les eaux stagnantes, et c'est sur lui que l'on a surtout remarqué cette sorte d'accouchement , dans lequel la membrane enveloppante se crève , pour donner passage à des globules plus petits.

LES PROTÉES.

Ce nom que Roësel donna le premier à ces êtres, à cause du peu de fixité de leurs formes, leur fut conservé par Müller et les autres naturalistes. Cependant aujourd'hui, M. Bory de Saint-Vincent , considérant que ce même nom a déjà été donné à un genre de plantes et à une espèce de reptiles , lui préfère celui d'*amibes*, qu'il a tiré d'un mot grec qui signifie aussi changer.

Le protée a un corps très petit , ovale et gélatineux, que Roësel compare à une goutte d'eau jetée sur de l'huile , et qui, de même que les monades et les volvoces, ne présente aucune trace d'organe particulier. Mais cette forme ne conserve pas toujours la même apparence d'uniformité. Bien plus contractile et plus animalisé que les êtres précédens, le protée change sans cesse d'aspect, en étalant des lobes ou des appendices presque rameux , qu'il peut aussi alternativement retirer et faire disparaître, comme on voit le colimaçon enfoncer ses cornes. Le corps entier de l'animal possède en outre la faculté de se contracter si énergiquement en divers sens, que le rapprochement des molécules qui en résulte, donne une teinte plus foncée à l'endroit où s'opère la contraction.

Les protées vivent dans l'eau douce , ou dans l'eau de mer ; ils nagent en agitant vivement leurs lobes ou petits prolongemens qu'ils meuvent quelquefois très vite. Quelquefois l'observateur les voit sous le microscope collés au verre , ramper comme une petite limace. On n'en connait que deux espèces : le *protée rameux*, qui vit dans l'eau des marais , le *protée tenace* , que l'on trouve dans l'eau de rivière, et dans l'eau de la mer.

LES ENCHÉLIDES.

Les enchélides ont une forme cylindrique, mais un peu changeante , qui tient le milieu entre la structure des protées et celle des vibrions, dont la description va suivre. Elles diffèrent néanmoins beaucoup des premiers par la constance de la forme, et des seconds en ce qu'elles sont en quelque sorte grosses et courtes, comparativement aux vibrions qui ont le corps grêle et alongé. Elles sont composées de molécules agglomérées auxquelles se mêlent quelques corpuscules plus transparens.

On distingue neuf à dix espèces d'enchélides, parmi lesquelles nous citerons seulement l'*enchélide aimable*, qui est d'un joli vert gai transparent. Sa forme qui est à peu près celle d'un fruit de coing, s'alonge un peu en nageant. L'animal se dirige, la partie la plus amincie en avant; son allure est grave, et il contourne légèrement cette partie antérieure, comme pour tâter les objets.

LES VIBRIONS.

Ici se présentent, sous la forme de petites anguilles, fort agiles et aimant à se tortiller dans tous les sens, les premiers microscopiques dont on s'émerveilla. A cause de cela, on les nomma *anguilles* et on les trouve encore représentées comme telles dans les anciens livres, où pour rendre la ressemblance plus parfaite, on leur donne une véritable tête de poisson.

Les *vibrions* sont pourtant loin d'avoir une organisation aussi élevée; ce sont de simples infusoires, dont le corps cylindrique et alongé s'amincit à ses extrémités. On distingue fort bien, comme aux autres microscopiques, les molécules ou globules qui les composent. Mais, il faut l'avouer, chez la plupart on commence à apercevoir les traces d'une cavité intérieure et comme les rudimens d'un canal digestif; bien plus, il existe des vibrions, que l'on trouve plus particulièrement dans le vinaigre, qui présentent une bouche munie de deux lèvres, un tube alimentaire bien distinct et un anus. Ils ont aussi des organes générateurs et des sexes distincts ; ce sont de véritables vers parfaits rangés parmi les microscopiques à cause de leur petitesse seulement. Leur reproduction a de l'analogie avec celle des vipères. On voit dans les femelles, qui sont ordinairement plus grosses que les mâles, de chaque côté du ventre, deux séries de petits œufs, et l'on finit par apercevoir les petits, en tout semblables à leur mère, roulés et prêts à sortir. Il ne faut donc considérer le groupe des vibrions, que comme renfermant des êtres fort différens quant au degré d'avancement de leur organisation et qu'un examen plus attentif pourra un jour répartir autrement. Ceci a amené quelques naturalistes à penser que les espèces diverses de ces animaux qui sont sans cesse avalées avec nos alimens et nos boissons, puisqu'on les trouve dans la farine, la pulpe des fruits et de divers végétaux et même des truffes, dans les liquides fermentés, le vinaigre, et jusques dans l'eau pure, pouvaient bien être l'origine des vers intestinaux, que l'on rencontre si communément dans le corps humain ou dans celui des animaux.

Des choses merveilleuses ont été racontées au sujet du vibrion; une foule d'auteurs, et Spallanzani entre autres, ont prétendu que le vibrion, et notamment celui qui est fourni par la colle de farine, après avoir été complètement desséché, et conservé quelque temps, pouvait ressusciter au moyen d'une goutte d'eau. Ce fait est aujourd'hui mis en doute par les naturalistes et particulièrement par M. Bory de Saint-Vincent, qui dit que quelques précautions qu'il ait prises, il lui a été impossible de rappeler à la vie ces êtres, une fois qu'ils l'avaient perdue. Quelques expériences ont été tentées ces dernières années par Francis

Bauer, sur le vibrion qu'on trouve dans les grains de blé, altérés par une sorte de pourriture. On sait que dans ce cas les grains de blé gâtés sont creusés d'une cavité que remplit une matière fibreuse blanche, dont les parties semblent cimentées entre elles par une substance glutineuse. Si on vient à mettre ce petit amas dans l'eau, il ne tarde pas à se dissoudre, et l'on voit au microscope qu'il était formé d'une infinité de petits vers, parfaitement organisés, qui en moins d'un quart-d'heure se mettent tous en mouvement. L'auteur dont nous parlons, ayant conservé parfaitement secs de ces grains de blé moisis, à plusieurs reprises, a vu ressusciter les vers en les mouillant seulement, même après six années de dessiccation. Mais il attribue uniquement cette singulière faculté au mucus qui les entoure, qui, à la manière des huiles et des corps gras, conserve fort long-temps sa fluidité et soustrait les animaux qu'il enduit au contact de l'air, à peu près comme on voit l'escargot rester trente ans hermétiquement enfermé dans sa coquille; puis, lorsque son mucus vient à être dissous, dégager l'air raréfié de ses poumons et le remplacer par un air frais qui pénètre l'animal et le rend à la vie. Un fait aussi curieux et qui paraît bien avéré, c'est que ces animaux peuvent supporter sans périr, soit la congélation des liquides qui les contiennent, soit l'élévation de ceux-ci jusqu'à 5o degrés de chaleur.

Le nombre des espèces admises varie beaucoup, selon les auteurs, et cela devait être, attendu la diversité des êtres qui composent ce groupe ; on en compte souvent jusqu'à 3o, d'autres fois beaucoup moins. Lammarck n'en admet que dix.

GONES.

Les *gones* sont des infusoires simples dont le corps est mince et aplati comme une sorte de membrane. Le pourtour de ce corps a une forme anguleuse qui les distingue néanmoins des protées, en ce que, ici, ces angles ne disparaissent jamais complètement. On dirait, à les voir, que ce sont plusieurs corps joints ensemble par une membrane commune qui les réunit ou les enveloppe. Ils ne jouissent que d'un mouvement d'oscillation.

Les espèces sont peu nombreuses ; ce sont la *gone pectorale*, la *gone coussinet*, la *gone ridée, la gone rectangle,* et la *gone obtus-angle.*

LES CYCLIDES.

Ce sont des corps orbiculaires, aplatis, d'une composition homogène et d'une transparence cristalline complète ; ce genre d'animaux comprend plusieurs espèces douées de mouvemens différens selon chacune d'elles ; tantôt ils sont oscillatoires, d'autres fois circulaires ou demi-circulaires, plus ou moins interrompus, plus ou moins lents ou vifs.

L'infusion de foin fournit le *cyclide bulle*, celle des diverses plantes le *cyclide millet*. L'eau de mer corrompue le *cyclide flottant*. L'eau gardée pendant l'hiver le *cyclide glaucome*. L'infusion de la lenticule d'eau, le *cyclide noirâtre*. Diverses infusions végétales peuvent donner le *cyclide rostré*, ainsi nommé de ce qu'il est terminé d'un côté en une pointe aiguë qu'on a comparée à un bec. Le *cyclide pépin* se rencontre peu au contraire dans ces sortes d'infusions. Enfin, une infusion particulière, celle de la clavaire corolloïde, donne naissance au *cyclide diaphane*.

LES PARAMÈCES.

Ce genre d'animaux diffère peu des cycli-

des, cependant leur forme est plus alongée
et assez semblable à celle d'une semelle de
soulier. Cette forme, quoiqu'elle paraisse
quelquefois variable à l'œil de l'observateur,
à cause des diverses positions selon lesquelles
elle peut se présenter, est pourtant constante
et transmissible sans altération, par la reproduction. Le centre des paramèces ressemble
à un amas de monades ou de cyclides, leurs
bords sont vitrés et tout-à-fait transparens.

Les *paramèces* se meuvent lentement et
nagent gravement à plat comme les poissons
à forme comprimée. Bien évidemment chez
elles la reproduction a lieu par la scission de
l'animal lui-même qui se partage par une
sorte de dédoublement. On n'en distingue
guère que cinq espèces qui sont : 1° la *paramèce aurélie*; 2° la *paramèce chrysalide*;
3° la *paramèce rusée*; 4° la *paramèce ou-
vrée*; 5° la *paramèce bordée*.

LES KOLPODES.

Les *kolpodes* consistent en de simples membranes vivantes, translucides, de formes moins
assujetties à l'influence de la pression du milieu dans lequel elles vivent, et par consé-

quent, plus animalisées et plus variables que celles des *paramèces* auxquelles elles ressemblent beaucoup. Elles diffèrent encore de ces dernières par l'absence de plis à leur surface, et des protées par le défaut de ces prolongemens rétractiles qui changent si fort leur physionomie.

On distingue de quinze à vingt espèces de kolpodes toutes marines et fournies seulement par l'eau des huitres corrompues.

Leurs mouvemens sont en général vagues; elles nagent plus ou moins lentement en glissant sur les objets ou entre deux eaux.

LES BURSAIRES.

Comme les quatre genres précédens, les *bursaires* ont un corps mince et membraneux. Ils n'ont pas toujous la forme creuse d'une bourse comme leur nom semblerait l'indiquer; mais ils acquièrent, soit en nageant, soit en s'appliquant sur différens corps une forme concave, ce que leur permet leur ferme plate, circulaire et membraneuse presque sans épaisseur.

On prétend que leurs mouvemens sont irréguliers et assez vifs lorsqu'elles tracent une ligne sinueuse et qu'elles s'élèvent dans l'eau; mais qu'elles éprouvent plus de difficulté à redescendre ce que leur forme concave explique très bien. On n'en trouve qu'un petit nombre d'espèces qui vivent dans les eaux douces, stagnantes et l'eau de mer.

§ 2. *Microscopiques pourvus d'appendices extérieurs.*

LES TRICODES.

Ces animaux sont transparens et de formes très diverses, mais le caractère qui les distingue, c'est d'avoir des appendices ou poils mous sur quelques points de leur corps, et quelquefois sur toute la surface. Ils sont plus avancés en organisation par conséquent que les animaux qui précèdent, mais moins que ceux dont la description va suivre. Leurs espèces sont fort nombreuses. Lamarck en décrit quarante-six, qu'il range sous deux sections : 1° celles dont le corps est garni de cils sur toute la surface ; 2° celles dont le corps est seulement velu sur quelqu'une de ses parties.

LES KÉRONES.

Celles-ci diffèrent surtout des *tricodes*, en ce que les poils qui couvrent quelques parties de leur surface sont raides et comme cornés ou extrêmement longs et flexibles. Ces petits animaux dont plusieurs peuvent être distingués à l'œil nu, sont étranges par leurs formes et les appendices qui les garnissent. Ils sont en général assez rares et vivent peu ou point dans les infusions; on les trouve le plus ordinairement dans les eaux douces ou dans l'eau de mer. Les *kérones* nagent de diverses manières, dont plusieurs présentent quelques rapports d'aspect avec d'imperceptibles crustacées. L'agitation qu'elles donnent à leurs poils ou cirrhes vibratiles les rend souvent toutes brillantes, et quelques-unes semblent se rapprocher de ces animaux plus parfaits qui vivent dans la mer, que nous décrirons bientôt sous le nom d'*acalèphes* libres et qui sont munis d'appendices singuliers ou cils, dont les mouvemens décomposent élégamment les couleurs de la lumière. En un mot, les *kérones* sont des animaux qui semblent pairs et symétriques et qui appartiennent peut-être à un ordre plus élevé qu'on ne pense; leurs appendices sont quelquefois assez parfaits pour que l'animal s'en serve à la marche et peut-être celui-ci se rapproche-t-il déjà des véritables crustacés ou de quelques insectes.

Lamarck en décrit huit espèces que l'on ne trouve guère dans les infusions, mais plutôt dans les rivières ou dans l'eau de mer.

LES CERCAIRES.

Dans les eaux courantes et les marais, quelquefois dans les infusions animales et végétales, d'autrefois dans l'eau de mer, on trouve des animaux microscopiques dont le corps gélatineux transparent et terminé par un prolongement en forme de queue, est quelquefois aplati en battoir ou en raquette, d'autres fois arrondi comme une petite massue, mais sans traces d'organes et présentant la simplicité d'une monade, ce sont là des *cercaires*.

On n'en admet guère que dix à douze espèces.

LES FURCOCERQUES.

Ces animaux, qui ne sont qu'un démembrement des *cercaires* de Müller, ont un corps ovale-oblong un peu comprimé, terminé par un prolongement en forme de queue bifurquée, et de là leur nom. Ce sont donc des infusoires qui ne diffèrent uniquement des genres précédens que parce qu'ils ont une queue fourchue. Lamarck range ces êtres sous huit espèces seulement. La *furcocerque podure*, la *furcocerque verte*, la *furcocerque bourse*, la *furcocerque catelle*, la *furcocerque catelline*, la *furcocerque loup*, la *furcocerque orbiculaire* et la *furcocerque lune*.

LES RATULES.

Lamarck a institué ce genre aux dépens des tricodes de Müller; ces animaux sont munis de cils mobiles à l'extrémité antérieure seulement, et caractérisés ainsi : corps très petit, oblong, tronqué ou obtus entièrement, ayant une bouche distincte, une queue très simple. Le genre se compose de deux espèces seulement, le *ratule cariné* et le *ratule clou*, dans lequel l'existence de la bouche n'est encore que supposée.

LES TRICOCERQUES.

Ce genre, établi aussi par Lamarck, ressem

ble aux *furcocerques*, par la queue qui termine le corps. Leur forme est ovale, tronquée postérieurement et terminée par une queue fourchue, quelquefois articulée. Mais ici il y a évidemment une bouche, et comme l'ébauche d'une cavité propre à recevoir les alimens. Les espèces peu nombreuses de ce genre vivent dans l'eau des marais. Ce sont le *tricocerque vermiculaire*, le *tricocerque portepince*, le *tricocerque longue queue* et le *tricocerque gobelet*.

LES VAGINICOLES.

Ici se trouve encore une portion démembrée du genre que Müller avait appelé *tricode*, dont les individus sont bien distincts par un fourreau transparent qui les enveloppe. Leur corps est oblong cilié en avant et terminé en queue postérieurement; il ne remplit pas entièrement la gaine dans laquelle il est contenu, et celle-ci est entièrement libre et non fixée; elle nage avec l'animal dont elle fait partie. Les vaginicoles ont une bouche dont les cils se meuvent en vibrations interrompues. La *vaginicole locataire*, la *vaginicole propriétaire* et la *vaginicole innée* sont les trois seules espèces qui composent ce genre; toutes les trois se trouvent exclusivement dans l'eau de mer.

LES FOLLICULINES.

Comme les êtres précédens, les *folliculines* ont un corps oblong contractile, renfermé dans un fourreau transparent. La bouche qui les termine en avant est très ample et n'est pas munie de cils simplement vibratiles, mais elle offre à son orifice un organe en forme de roue, cilié et rotatoire, qui paraît souvent double, qui présente quelquefois trois ou quatre portions de cercle, et qui tourne ou oscille avec une grande vitesse. Cet organe singulier caractérise ce genre de microscopiques aussi bien que ceux qui vont suivre, et leur a fait donner en commun le nom de *rotifères*.

Rarement les *folliculines* se fixent par leur fourreau aux corps étrangers; elles nagent librement dans l'eau de mer où on les trouve ordinairement, et forment trois espèces seulement : la *folliculine ampoule*, la *folliculine engainée* et la *folliculine adhérente*.

LES BRACHIONS.

Bien des doutes s'élèvent sur la nature des

brachions et sur leur véritable place dans l'échelle zoologique. Quelques naturalistes les regardent comme voisins des insectes, d'autres comme de véritables crustacés à l'état microscopique, ayant des organes gastriques centraux. On leur a même attribué une tête, et à leur bouche deux mâchoires longitudinales, qui s'ouvrent et se ferment alternativement, quoiqu'à des intervalles peu réglés.

Ces animaux se font remarquer par un corps libre, contractile, presque ovale, pourvu d'une queue, couvert, au moins en partie, par une gaine transparente, beaucoup plus dure que celle des *vaginicoles* et des *folliculines*, et comme une sorte d'écaille protectrice. Peut-être même est-ce à cause de cette dernière considération surtout et à l'aspect que cela leur donne qu'on a eu l'idée de les considérer ou comme des crustacés ou des insectes. Ce qui est certain, c'est que, comme les autres microscopiques *rotifères*, ils sont pourvus de cette roue ciliée et rotatoire qui les caractérise, et rangés parmi ces derniers par Lamark et Cuvier.

Le *brachion* n'en possède pas moins une organisation plus avancée que celle de la plupart des autres microscopiques. Sa reproduction se fait par des gemmes ou bourgeons auxquels on a donné le nom d'œufs, et qui, en

se séparant de l'extrémité inférieure de l'animal, restent suspendus entre la base du test
ou de l'écaille qui les couvre et l'origine de la
queue, ce qui leur donne un nouveau rapport
avec les crustacés. Il y a loin cependant de
cette gemmation à la reproduction de ces derniers, dont les œufs exigent une fécondation,
et supposent l'existence d'organes sexuels,
soit séparés, soit réunis.

On ne rencontre jamais les *brachions* dans
les infusions fétides. Leurs espèces, au nombre
de quinze à vingt, ne vivent que dans les eaux
douces et dans l'eau de mer.

LES FURCULAIRES.

Ce nom a déjà beaucoup de rapports avec
celui des *furcocerques*, et il en existe tellement aussi entre les animaux de ces deux
genres, qu'on pourrait facilement n'en former qu'un seul et même groupe. Mais il y
a ici cependant ce caractère distinctif, que la
bouche est pourvue de deux organes ciliés et
rotatoires, ce qui n'existe pas dans le genre
furcocerque.

Le corps des *furculaires* est libre, contractile, oblong, muni d'une queue courte ou

alongée, terminée par deux pointes ou par deux soies.

On compte douze ou treize espèces différentes de ces animaux.

LES URCÉOLAIRES.

Les *urcéolaires* n'ont ni queue ni pédoncule ; leur corps est rarement alongé, mais plutôt ils ressemblent à une sorte de vase obtus et renflé, postérieurement terminé en avant par une bouche ou ouverture entourée de cils rotatoires. Ce sont les plus petits des rotifères. Ils nagent dans l'eau en tournant et avec une très grande vitesse. Quelquefois ils font rentrer intérieurement ou sortir les organes ciliés et rotatoires qu'ils ont antérieurement ; et lorsque ces organes sont sortis, ils les font mouvoir avec beaucoup de célérité.

On connaît environ vingt-six espèces d'*urcéolaires*.

LES VORTICELLES.

On trouve ici certainement les microscopiques les plus curieux qu'il soit possible d'imaginer.

Un amas de vorticelles ne présente guère à

l'œil nu que l'aspect d'une petite tache de moisissure, mais si l'on vient à en déployer les formes au moyen du microscope, on aperçoit aussitôt comme une touffe de fleurs, dont les tiges sont réunies par le pied et dont le calice, semblable pour la forme à celui du muguet, se meut dans tous les sens ; quelquefois on voit la masse entière de ces fleurs se retirer en contournant leur pédoncule en tire-bouchon; puis tout-à-coup jaillir en une gerbe élégante sans cesse en mouvement. Chacune de ces fleurs est un animal assez semblable aux *urcéolaires*, transparent, ayant quelquefois une légère teinte de fauve ou de vert; sa forme est assez souvent celle d'une campanule ou d'un liseron des champs. Il est fixé par sa base, et terminé par une large bouche entourée de cils ou de deux touffes de cils opposées l'une à l'autre, et auxquelles elles communiquent un mouvement d'oscillation rotatoire, qui s'exécute avec une vitesse inexprimable. La sensibilité de ces animaux paraît exquise, tant ils sont irritables. Ils se contractent dès que l'on touche l'eau qui les contient.

Il est curieux de suivre ces animaux fleurs, ou ces *polypes à bouquets*, comme on les a appelés, dans les phases diverses de leur existence. On ne voit d'abord qu'un ou plusieurs

petits filamens ; bientôt leur extrémité se gon-
fle, devient une sorte de bouton ou d'expansion vivante qui est le rudiment de l'animal;
puis, aussitôt que son épanouissement a lieu,
c'est-à-dire qu'une ouverture centrale s'y est
manifestée, les cirres vibratiles garnissent les
bords de cette ouverture et entrent en exercice.
L'animal s'agite aussi d'abord vaguement sur
sa tige, puis, comme par un besoin de liberté,
il coordonne mieux ses mouvemens jusqu'à
ce qu'il s'en soit entièrement détaché ; alors
il nage rapidement et offre les plus grands rapports avec les animaux précédens.

Les vorticelles se reproduisent de deux
manières différentes, selon l'état des saisons.

Lorsqu'il commence à faire froid, elles produisent des bourgeons en forme d'œuf, qui
se conservent dans l'eau pendant l'hiver, et qui
au printemps donnent naissance à de nouvelles
générations. D'autres fois on voit une scission
s'opérer naturellement; la *vorticelle* se sépare
en deux portions, dont une reste en place,
tandis que l'autre va constituer un nouvel
animal à peu de distance. S'il fait très chand,
la nouvelle *vorticelle* se divise elle-même en
deux, au bout de peu d'heures, et donne ainsi
naissance à un nouvel individu; en sorte que,
dans les temps chauds, l'on conçoit avec

quelle rapidité ces animaux peuvent se multiplier.

Toutes les *vorticelles* vivent en général
dans les eaux douces et stagnantes ; on prétend cependant que quelques-unes vivent dans
la mer sur les tiges de plantes mortes , le test
des coquillages ou autres corps marins. Elles
fournissent une trentaine d'espèces que l'on
divise : 1º en celles qui ne se fixent que
spontanément et qui sont simples ; 2º celles
qui sont composées , dont le pédicule se ramifie, et qui sont constamment fixées.

LES TUBICOLAIRES.

Des animaux assez semblables à ceux qui
précèdent, ayant un corps oblong et une bouche en forme d'entonnoir, munie d'un organe
cilié et rotatoire, produisent par une sorte de
transsudation une matière glutineuse où s'in-
corporent des grains de sable et des corps
étrangers qui forment autour de l'animal un
tube dans lequel son corps est renfermé et
dans lequel il vit. De là le nom de *tubicolaires* ou habitans des tubes. On voit quelque
analogie avec la structure des *vaginicoles* qui
sont fixées dans leur fourreau ; mais la diffé-

rence est que celles-ci l'emportent et nagent avec lui, tandis que les *tubicolaires* sont constamment fixés sur des corps aquatiques.

Ces animaux vivent dans les eaux douces où l'on en trouve trois espèces : la *tubicolaire quadrilobée* ou *polype à fleur*, de Schœffer; la *tubicolaire blanche* et la *tubicolaire confervicole*.

GÉNÉRALITÉS

SUR LES MICROSCOPIQUES.

Tous les êtres dont nous venons de tracer rapidement l'histoire, se présentent à nous avec ce caractère commun qu'ils sont d'une extrême petitesse, et que, sans le secours des verres grossissans, ils échapperaient entièrement à notre vue; de là leur nom de *microscopiques*. Les premiers qui observèrent ces animaux les appelèrent *animalcules*; mais ce nom, qui ne signifie guère qu'animaux en petit, a été abandonné sans raison, quoiqu'il soit à peu près l'équivalent de celui qu'on emploie aujourd'hui. Ces animaux sont aussi désignés sous le nom d'*infusoires*, de ce que c'est principalement dans les infusions animales ou végétales qu'on les trouve ordinairement; ce nom est cependant moins propre que le premier; car beaucoup d'espèces vivent dans les eaux pures, et rien ne démontre qu'ils doivent nécessairement prendre leur origine dans les matières organiques en décomposition.

La difficulté de trouver un nom convenable à un groupe d'animaux, prouve déjà que ce groupe lui-même est peu naturel et que les êtres qui le composent ont entre eux bien peu de rapports de structure ; aussi trouvons-nous ici d'abord un fort mauvais exemple, pour déterminer ce qu'on doit appeler une *classe* d'animaux; ou plutôt cette défectuosité même nous servira à faire remarquer dès notre entrée en carrière, comment il faut apprécier les systèmes de classifications.

Dès l'instant où une *classe* est peu naturelle dans sa composition, on doit s'attendre à peu de fixité dans la plupart de ses subdivisions, et nulle n'est plus propre à le démontrer que celle dont il s'agit. Aussi ne doit-on la considérer que comme provisoire, aussi bien que les subdivisions généralement adoptées et dont nous donnons le résumé dans le tableau suivant.

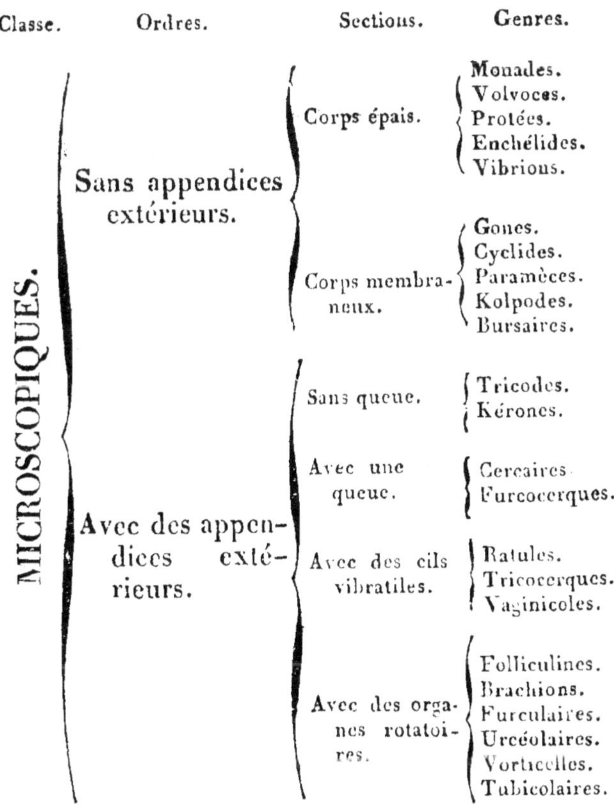

Classe.	Ordres.	Sections.	Genres.
MICROSCOPIQUES.	Sans appendices extérieurs.	Corps épais.	Monades. Volvoces. Protées. Enchélides. Vibrions.
		Corps membraneux.	Gones. Cyclides. Paramèces. Kolpodes. Bursaires.
	Avec des appendices extérieurs.	Sans queue.	Tricodes. Kérones.
		Avec une queue.	Cercaires. Furcocerques.
		Avec des cils vibratiles.	Ratules. Tricocerques. Vaginicoles.
		Avec des organes rotatoires.	Folliculines. Brachions. Furculaires. Urcéolaires. Vorticelles. Tubicolaires.

La classe des microscopiques est uniquement fondée sur la petitesse des individus qui la composent, si l'on doit en croire son nom; la taille cependant est un caractère sans valeur: car un être, quel qu'il soit, un homme par exemple, est toujours un homme, quelle que soit sa taille. Les caractères qui servent de fondement au groupement des êtres, sont donc pris dans un ensemble d'analogies naturelles, dans le fonds même de leur composition, qu'il ne nous est pas toujours facile d'analyser, et qui néanmoins se traduisent quelquefois par les formes extérieures. Il est vrai de dire aussi qu'avec la petitesse des microscopiques coïncide une certaine simplicité d'organisation qui rapproche la plupart de ces êtres, mais qui est loin encore d'être déterminée d'une manière satisfaisante.

Il restait donc encore à découvrir la véritable composition de ces animalcules avant de pouvoir les apprécier convenablement ; c'est ce que vient de tenter un naturaliste allemand, M. *Ehrenberg*, dont nous allons faire connaître les principales observations, sans y ajouter cependant l'importance que pourront seulement leur donner plus tard de nouvelles recherches capables de les sanctionner.

M. Ehrenberg s'est servi de liquides colorés avec des teintures végétales, telles que l'indigo, le vert de vessie ou le carmin, et dans lesquelles il a laissé séjourner les *animalcules;* puis les transportant dans l'eau pure, il a pu distinguer au microscope les diverses cavités encore remplies du liquide coloré.

Il pense donc que la nutrition ici ne s'opère pas par imbibition à la surface du corps, mais par des organes digestifs ; que ces animaux ont une bouche, un estomac et un canal intestinal ; que beaucoup ont des yeux, ordinairement rouges et qui varient en nombre depuis deux jusqu'à douze ; que la propagation véritable ne se fait ni par division ni par boutures, mode purement accidentel, mais bien par une ponte d'œufs réellement fécondés.

Aussi, selon lui, est-il arrivé à quelques auteurs de regarder le même animalcule comme constituant deux espèces distinctes, suivant qu'il était à jeun, ou qu'il avait pris de la nourriture ; ou même de le ranger dans des genres différens. Il leur reproche encore d'avoir fait soit des espèces soit des genres nouveaux avec les deux parties antérieure et postérieure d'un même individu qui s'était multiplié par division, ou enfin de s'être mépris sur les caractères génériques à l'occasion de variations de formes qui ne tenaient qu'à des différences d'âge des mêmes individus.

Parmi les observations réellement intéressantes de Ehrenberg, on trouve les suivantes : La *monade*, par exemple, loin d'être aussi simple qu'on le suppose, aurait une bouche garnie de cils, et qui communiquerait avec un certain nombre d'estomacs variant de deux à six. Dans les genres *paramèce*, *enchélide* et *kolpode*, on trouverait un tube intestinal parcourant tout le corps et muni de beaucoup de vésicules, ce qui donnerait à cet appareil l'apparence d'une grappe de raisin. Le genre *enchélide* aurait sur le devant une bouche garnie de cils et en arrière un anus. Le genre *paramèce*, une bouche garnie de cils, placée vers le milieu du corps et l'anus en arrière et presque à côté de la bouche. Une espèce de *trichodes* offrirait un grand nombre de vésicules intestinales, que Müller avait prises pour des œufs. Ces *vorticelles* fixées sur leurs filamens élastiques qui se tordent en spirales, n'ont aucune ouverture au centre de leur organe rotatoire, comme on le croit généralement ; leur tube intestinal se courbe en cercle et la bouche et l'anus s'ouvrent sur le côté. Certains genres, les *bursaires* entre autres, ne sont que des *vorticelles* échappées de leur pédicule, et dans un âge plus avancé.

Enfin, d'après cet auteur, on trouve dans les *rotifères* des muscles, ou petits rubans contractiles qui servent à la locomotion d'êtres déjà plus avancés en organisation ; des vaisseaux, un estomac renflé, précédé de deux mâchoires, et suivi d'un intestin et d'un anus. Tous les individus sont pourvus des deux sexes. Enfin ils auraient un véritable cerveau ganglionnaire et un appareil nerveux.

Ainsi semblerait s'évanouir devant de nouvelles expériences, la simplicité présumée des animaux microscopiques, et cette *monade* élémentaire ne serait plus elle-même un simple globule. Mais aussi l'animalité de ces êtres, douteuse en quelque sorte, en resterait bien mieux démontrée.

Que de travaux à poursuivre, cependant, avant d'avoir éclairé ce groupe mystérieux, où semblent s'établir au sein des eaux les préludes de la vie ! Voici venir de nouvelles expériences tentées sur quelques êtres de cette sorte, plus ambigus encore, et qui, selon l'auteur, appartiendraient également et alternativement aux êtres organisés des deux règnes, et devraient même former, selon lui, un règne intermédiaire qu'il désignerait sous le nom de *psychodiaire*. Après de longues recherches, M. *Bory de St.-Vincent* se serait assuré plusieurs fois de la métamorphose admirable et alternative de la vie animale à la vie végétale et de celle-ci à la vie animale. Quelques-unes de ces plantes ou filamens aquatiques connus sous le nom d'*algues* et de *conferves*, avaient été conservés et élevés par lui dans des vases remplis d'eau , afin qu'il pût suivre les progrès de leurs développemens et de leur destruction. On les voyait d'abord se décolorer et se désorganiser par la séparation des petites pièces ou articulations qui, jointes bout à bout et en grand nombre, forment ces petits filamens. Alors un nombre d'animalcules verts pareil à celui de ces petites pièces se trouvait dans les vases où avaient lieu ces expériences. Plus tard , au milieu de ces animalcules tombés comme engourdis au fond des vases, des filamens d'abord presque invisibles se développaient de toutes parts et formaient de nouvelles masses floconneuses de *conferves* pareilles à celles qui avaient été détruites ; la végétation semblait évidemment alterner avec la vie , sans que l'auteur osât cependant en conclure encore que les *conferves* s'étaient dissoutes en *animalcules* , ni que les animalcules s'étaient réunis de nouveau pour former des filamens et de nouvelles conferves.

« C'est en 1817 seulement, dit l'auteur , qu'errant en proscrit dans les environs de Liège, où le microscope était la seule consolation de notre exil ; c'est en 1817 seulement, qu'observant ces masses capillaires verdâtres qui flottent dans le cours des ruisseaux , et dans lesquelles les botanistes confondent cinq ou six objets différens sous le nom suranné de *conferva rivularis*; c'est au mois d'août que nous vimes enfin nos animalcules rompant les cloisons, où d'abord captifs ils s'étaient présentés intérieurement en figure de chapelet. Nous les vimes avec un transport de surprise se délivrer de leurs enveloppes confervoïdes et nager en liberté, et dans moins de quinze jours nous reconnûmes ainsi positivement qu'une demi douzaine d'*infusoires* de Müller qui dès long temps nous semblaient parfaitement connues, n'étaient que des propagules animés provenant de filamens inertes de plantes véritables. A peine nous en croyions nos yeux ; cinquante dessins, faits avec la plus minutieuse attention à diverses reprises, furent pour nous les procès-verbaux d'une découverte que nous ne nous hâtâmes pas de publier au risque d'être devancé, et que nous gardâmes silencieusement cachée, voulant bien vérifier le fait un grand nombre de fois avant d'en occuper le monde savant. D'abord nous ne retrouvions plus, dans le nouveau lieu ou l'on nous accordait un asile, ce qui nous avait tant intéressé. En vain nous observions tous les jours diverses *conferves*, des animalcules n'en sortaient plus. Ce ne fut que l'année suivante où nous en retrouvâmes d'analogues dans un bassin de jardin à Bruxelles, mais en une seule occasion ; nous commencions à craindre quelque illusion d'optique, ou quelque méprise, lorsque dans l'été de 1820, revenu dans les environs de Liège, au vallon de Chaufontaine, sur les bords de la Vesdre, nous revîmes mieux et plus souvent que la première fois ce que nous avions découvert trois ans auparavant. Nous reconnûmes alors que, selon les espèces, l'émission n'a pas lieu aux mêmes époques, et qu'en observant celles qui ne sont pas encore au point de produire, on n'y trouverait rien qui pût faire présumer la singularité de leur mode de propagation. Nous introduisîmes alors dans la science le nom de *zoocarpes* pour désigner certaines semences qui jouissent d'une vie animale très-prononcée, et qui de la condition d'inertie où elles étaient bornées, tant qu'elles faisaient partie du tube végétant qui les contenait, passaient presque finalement à la condition de petites bêtes douées de mouvement où l'on reconnaissait le résultat de volontés bien prononcées. Nous fûmes assez favorisé par les circonstances pour pouvoir montrer ces *zoocarpes* sortant de leur tube à diverses personnes, dont plusieurs s'occupaient d'histoire naturelle ; et récemment l'existence de propagules animés, vient d'être constatée par plusieurs savans micrographes de différens pays. »

Il est facile de se convaincre, que si la classe des animaux microscopiques, offre beaucoup de difficultés et d'incertitudes, c'est aussi une des plus fécondes en merveilles. Aussi le microscope fut-il primitivement un objet d'amusement ; on se réjouissait déjà de voir les plumes des papillons, les anguilles du vinaigre ou quelques poussières de fleurs. Mais quelle source intarissable de curieux mystères cet instrument ne peut-il pas nous dévoiler aujourd'hui ! Aussi croyons-nous faire une chose utile en joignant ici quelques mots sur sa structure et sur son emploi.

Du microscope.—Sénèque le philosophe, qui vivait au commencement du premier siècle, avait annoncé qu'à l'aide d'une boule de verre remplie d'eau, on pouvait distinguer de très-petits caractères ; dès le treizième siècle, on se servait aussi de besicles, et cependant on n'eut pas l'idée de faire un microscope ; tout ce qu'on avait imaginé, c'était de regarder les petits objets à travers une goutte d'eau placée sur un petit trou percé dans une lame de cuivre.

C'est en Hollande et dans le dix-huitième

siècle seulement que le microscope fut inventé. Hartzoeker et Leuwenhoeck s'en disputèrent la découverte : le premier se servait de simples globules de verre, le second de verres bombés que l'on connait sous le nom de lentilles et qu'il fabriquait lui-même avec beaucoup de perfection.

De pareils microscopes sont ce qu'on nomme des microscopes simples ; ce sont ceux dont on se sert le plus ordinairement. Pour comprendre leur effet, il suffit de se rappeler que pour distinguer un objet à travers un de ces verres il faut que le verre, l'œil et l'objet soient très-rapprochés. Or, plus on est près d'un objet, plus il parait gros ; plus on s'en éloigne, plus il est petit ; il finit même par devenir un point imperceptible. Le verre ici ne fait que rendre net l'objet ainsi rapproché qui sans cela serait trouble et confus quoique grossi ; on peut en prendre un exemple en perçant une carte ou un papier d'un trou d'épingle, puis en regardant devant le jour cette épingle de très près à travers le trou.

Beaucoup de naturalistes fort distingués, se sont contentés du microscope simple fait avec une goutte d'eau que l'on pose ordinairement avec la tête d'une épingle sur le trou de la lame de cuivre, de manière à ce qu'elle imite un petit globule ; cependant les globules de verre sont préférables et il est d'ailleurs facile de se les procurer. Il suffit de mettre à la flamme d'une bougie une petite lame de verre, que l'on tire ensuite en filamens. Puis on prend ces filamens, on les présente par un de leurs bouts à la flamme et aussitôt il s'y forme une petite bulle de verre qui sert de microscope, si on la place dans une petite ouverture faite à une plaque de métal.

Les microscopes composés résultent de l'effet combiné de plusieurs lentilles qui amplifient successivement les images déjà amplifiées ; on en fait qui contiennent depuis deux jusqu'à cinq de ces verres.

Le microscope solaire ressemble beaucoup à la lanterne magique. Un miroir placé en dehors reçoit les rayons du soleil, et les renvoie sur une lentille placée dans un trou fait à un volet ; ces rayons viennent de là sur l'objet qu'on veut grossir, et qui est tenu sur une plaque de verre ; dès qu'ils l'ont traversée, ils tombent réunis sur une petite lentille dans laquelle ils se croisent, et de là ils vont s'étaler sur le mur formant une image très ample.

On ne s'est pas contenté de voir que les objets étaient grossis par le microscope, mais on a évalué rigoureusement de quelle quantité ils étaient grossis, et même en observant leur grossissement on a calculé la dimension réelle de ceux que leur petitesse dérobe à notre vue. Dans ces deux cas, on se sert pour avoir des appréciations exactes de la *chambre claire*, dont nous ne pourrions donner l'explication ici, ou bien, on place dans le microscope à côté de l'objet une petite règle divisée en centièmes de millimètre. Un ancien procédé pour avoir la grandeur absolue de l'image, consistait à placer une règle graduée à côté du microscope et à évaluer en regardant à la fois l'objet d'un œil et la règle de l'autre, combien il atteignait de divisions.

Enfin nous terminerons ce chapitre en observant, que si l'on emploie des liquides colorés pour pouvoir discerner la structure intérieure des animalcules, il faut que ce ne soit que des couleurs provenant de substances végétales ou animales, telles que le carmin, le vert de vessie et l'indigo, et que l'eau ne puisse que tenir en suspension sans les dissoudre. Il faut aussi se les procurer d'une grande pureté, car les expériences réussissent rarement avec celles qui sont dans le commerce et qui sont le plus souvent impures.

Pl. 2

CHAPITRE II.

CLASSE DES POLYPES.

§ 1ᵉʳ *Polypiers flexibles.*

LES ÉPONGES

A voir l'indifférence avec laquelle nous faisons servir chaque jour ces corps souples et légers à nos usages domestiques, on ne se douterait guère que ce sont là les débris d'êtres qui ont vécu, un des points de rapports des deux règnes végétal et animal, et l'objet litigieux de la curiosité des naturalistes de tous les temps. Ce que nous connaissons et ce qui nous reste de l'éponge après sa dessication, n'est point l'éponge tout entière. Il y a de plus dans l'état frais, une sorte de gelée vivante et irritable, très fugace, qui enduit et pénètre les cellules. Celles-ci ne sont même considérées que comme le produit de la matière gélatineuse, qui formerait ainsi un dépôt destiné à servir de support et en quelque sorte de squelette à l'animal.

Les auteurs de l'antiquité se faisaient une singulière idée de ces êtres : ils leur accordoient la faculté de sentir, et admettaient que les éponges vivantes fuyaient, pour ainsi dire, la main qui voulait les toucher et qu'elles semblaient d'autant plus adhérer aux roches sous-marines qu'on faisait plus d'efforts pour les en arracher.

Néanmoins, trois opinions différentes ont partagé plus tard les naturalistes à ce sujet. Les uns ont regardé les éponges comme de purs végétaux, les autres ont voulu que le tout ne fût qu'un animal sans force déterminée. D'autres enfin ont pensé que les petites ouvertures ou les pores que présente la matière gélatineuse pouvaient être habités par autant de petits animaux appelés *polypes*, assez transparents pour échapper à nos recherches et former ainsi un animal composé.

Cette dernière opinion était déjà adoptée par la plupart des naturalistes, guidés par l'analogie qui existe entre les éponges et d'autres productions marines de ce genre, dans les quelles les animalcules dont il s'agit, sont fort apparents.

Mais c'est dans ces dernières années surtout que la structure de l'éponge a été étudiée avec plus de soin et que les actes les plus remarquables de sa vie ont été dévoilés à notre curiosité.

Déjà il y a plus d'un siècle, Marsigli avait dit que les éponges vivantes sont percées de petits trous et creusées de sinuosités qui se terminent par des orifices plus larges, destinés à établir des courants d'eau à travers l'animal. Cette opinion était alternativement soutenue et combattue, lorsqu'en 1827, M. Grant vint démontrer positivement que les éponges sont traversées par des courans d'eau qui pénètrent par une infinité de petits pores dont leur surface est couverte, et sortent par d'autres orifices, chargés alors de petits corps opaques qu'il considère comme des matières fécales. Il paraît, dans ce cas, que les matières végétales tenues en dissolution dans l'eau, ou les animalcules microscopiques qui s'y trouvent leur servent d'aliment, et suffisent à leur nutrition. Ce phénomène s'établit sans contraction ni dilatation de la part de ces pores, et ni la piqûre d'une aiguille, ni les liqueurs les plus irritantes, ni l'action même d'un fer rougi au feu n'ont pu déterminer la moindre apparence de mouvement. Cependant l'observateur voyait à l'œil nu ou au microscope ces sortes de petites fontaines vivantes ne point interrompre leur cours, et l'eau qui en sortait, perdre peu à peu de sa limpidité en charriant de petites particules opaques, quoiqu'auparavant elle fut parfaitement claire.

Examinée au microscope, la matière gélatineuse des éponges parait entièrement formée de petits globules transparents entourés de mucosité.

La génération de ces êtres n'est pas moins curieuse que leur manière de se nourrir. Vers le mois de septembre ou d'octobre, on s'aperçoit que quelques-uns de ces globules deviennent d'un jaune opaque, visible à l'œil nu, et surtout dans l'intérieur de l'éponge, plutôt qu'à sa surface. Au microscope, on s'aperçoit bientôt que ces taches se forment et grossissent par la simple réunion de plusieurs petits globules ; leur forme devient ovale, et dans leur état de maturité elle est celle d'un œuf. Deux mois environ après qu'il est visible, l'œuf est à peu près long d'un cinquième de ligne, sa largeur est de moitié, presque tous ont acquis la forme qu'ils doivent garder et leur couleur, qui est d'un jaune vif. Ils sont alors distincts même à l'œil nu, soit qu'ils flottent détachés dans l'eau, soit qu'ils restent réunis dans l'intérieur de l'animal. Jusqu'à ce moment, on ne saurait les détacher de l'éponge en les secouant violemment dans l'eau ; mais à compter de ce moment, ils tombent facilement et sans aucune secousse. À cette époque, c'est-à-dire au mois de décembre, janvier, février et mars, on en trouve un grand nombre qui flottent sur l'eau, dans laquelle on a placé des échantillons. En observant alors attentivement les orifices fécaux, on en voit souvent sortir des œufs en même temps que les courants. Mais lorsqu'ils ont été rejetés par ces orifices ou qu'ils se sont détachés d'eux-mêmes, des portions déchirées de l'éponge, au lieu de tomber au fond de l'eau par leur propre gravité, ils continuent à flotter et à être poussés par les courans. C'est une chose remarquable que la facilité qu'ont ces œufs de se soutenir par leurs propres mouvements spontanés, durant deux ou trois jours après leur séparation d'avec leur mère, même lorsqu'on les place séparément dans des vases remplis d'eau de mer, qu'on laisse dans un calme complet. Durant leurs mouvemens progressifs, leur extrémité la plus grosse, est toujours en avant, et en les examinant au microscope, on s'aperçoit que ces mouvemens sont produits par la vibration rapide de cils ou petits filamens qui couvrent complètement les deux tiers de leur surface antérieure.

Ces œufs exécutent aussi des mouvemens de va et vient qui ne semblent avoir aucun but déterminé, quoiqu'ils paraissent cependant doués de sensibilité. En effet, s'ils viennent à s'entre-choquer ou à toucher quelque objet, alors ils ralentissent les mouvements de leurs cils, glissent pendant quelques secondes dans le même lieu, puis renouvellent l'action de leurs cils et continuent lentement leur marche. Ils semblent même parfois se rassembler de préférence dans les parties qui se trouvent abritées du jour, par le corps des éponges. Enfin, l'animal ne tarde pas à se fixer sur quelqu'un des corps environnants; il devient plus opaque, plus compacte, il s'agrandit et à peine a-t-il atteint une ligne de diamètre, que déjà il présente au microscope la plus grande ressemblance avec l'éponge qui l'a produit.

L'accroissement de l'éponge ainsi fixée se fait assez promptement, et la limite de sa taille varie selon les espèces dont quelques-unes peuvent atteindre jusqu'à cinq pieds de hauteur environ. Les espèces les plus grandes et les plus nombreuses, ne se trouvent que dans les mers chaudes, et elles diminuent en nombre et en hauteur à mesure qu'on s'avance vers les pays plus froids. Toutes ces espèces varient en forme et en couleur, comme l'indiquent les noms qu'on a donné à chacune d'elles. Ainsi : on appelle éponge *caverneuse* une espèce fournie par les mers d'Amérique et qui se trouve creusée d'une cavité ; éponge *filamenteuse* celle qui est formée de lobes droits, distincts, réunis par des filamens latéraux, et qui nous vient de la Nouvelle-Hollande ; éponge *cloisonnée* celle qui est composée de beaucoup de lamelles, formant un réseau ou des alvéoles. Enfin les noms de *charbonneuse*, de *corbeille, gobelet, trompe, panache noir, queue de paon, feuille morte, asperge, étrilles, serpentine, cornes d'élan, corne de daim, longs doigts,* etc., indiquent assez la diversité de ces formes. Quant à leurs couleurs, dans l'état frais, et au sortir de la mer, elles sont quelquefois aussi brillantes que variées ; souvent d'un beau rouge, d'autres fois blanchâtres, ou d'un jaune citron très vif ; mais elles ne se conservent pas, et dans les collections, on ne trouve guère que les intermédiaires de la couleur fauve passant au blanc sale ou au noir.

C'est de l'Amérique méridionale, de la Méditerranée, et surtout de l'archipel de la Grèce que nous viennent les espèces employées dans les arts et dans les usages domestiques. On les obtient par la pêche qui se fait pendant l'été. Les hommes et les femmes, s'habituent dès l'enfance à plonger à cinq ou six toises et plus de profondeur pour aller les détacher des rochers auxquels elles adhèrent. On prétend que les garçons de l'île de Nicaria, ne peuvent se marier que lorsqu'ils ont fait preuve d'adresse dans la manière de pêcher les éponges, et un élève de Linné raconte, dans un voyage du Levant, que près de Rhodes, dans une petite île appelée Himia, une jeune fille ne peut se marier, qu'elle n'ait péché une certaine quantité d'éponges, en plongeant à une certaine profondeur qu'on a soin de déterminer. Malgré cela et le développement de l'éponge, assez rapide pour que la seconde année la pêche puisse être renouvelée dans les lieux qui avaient été épuisés, elle est si peu lucrative, que les habitants des îles de l'Archipel qui s'y livrent, sont dans la plus affreuse misère.

La seule préparation qu'exigent les éponges après la pêche, pour pouvoir être livrées au commerce, est fort simple : elle consiste à les laver un très grand nombre de fois dans l'eau douce, fréquemment renouvelée, qui

les débarrasse de la matière animale gélatineuse qui les enveloppe et de l'odeur particulière qu'elle exhale.

Leur usage dans les arts et dans nos besoins domestiques, est trop répandu pour
qu'il soit nécessaire de le rappeler ; elles
étaient employées, étudiées même dès la
plus haute antiquité ; les Grecs s'en occupaient
au rapport d'Aristote, il y a plus de deux
mille ans ; les casques et les sandales des
soldats étaient doublés avec une espèce d'é-
ponge dont le tissu était très serré, et par les
expressions qu'il emploie, on peut penser
que le casque d'Achille était doublé de la
même substance, ce qui montrerait qu'il y a
plus de trois mille ans, on faisait déjà quelque usage de cette production remarquable.

Il reste, pour compléter l'histoire des
éponges, à dire quelques mots de celles
qu'on trouve dans les eaux douces, et que
M. Lamarck distingue sous le nom de *spon-
gilles*. Ce sont des corps de couleur verte ou
d'un gris jaunâtre, assez semblables pour la
forme aux éponges marines, et qu'on trouve
fixés aux pierres ou autres corps submergés,
dans les eaux stagnantes, les fontaines, les
ruisseaux ou les rivières de France, et probablement de tous les pays.

La substance gélatineuse qui les enduit est réduite ici à une sorte d'épiderme fort mince, et quoique d'après les plus récentes observations, on trouve chez elles ces phénomènes d'absorption et d'exhalation qui forment les courans durant lesquels se fixent les particules nutritives, leur animalité reste très douteuse. Leurs œufs, lorsqu'ils sont détachés et devenus libres, ne sont point doués de mouvements comme ceux des éponges qui vivent dans la mer, et la plupart des naturalistes sont portés à les considérer comme un végétal, mais un végétal qui se rapproche des éponges par la manière de se nourrir, et dont la composition chimique est, jusqu'à un certain point, pareille à celle des tissus animaux.

ANTIPATHES.

Ces êtres, vulgairement nommés *corail noir*, ont une composition qui s'écarte bien peu de celle des éponges. La différence consiste ici seulement en ce que la matière solide et cornée, ne se foutre plus comme dans les éponges, mais qu'elle se dépose, au contraire, en une forme rameuse, assez semblable à celle d'un arbrisseau, ayant un petit tronc fixé aux rochers par une sorte d'empâtement et se divisant en branches et en rameaux, de plus en plus petits. Sur cette espèce de végétation est étendue une matière gélatineuse analogue à celle qui enduit les éponges, et qui n'est soutenue ici que par une sorte de poils nombreux fournis par la matière cornée de la tige et des branches. Cette matière a d'ailleurs si peu de consistance, quoique soutenue par ces poils, qu'au sortir de la mer elle coule le long de la tige, comme de la glaire d'œuf. Dans quelques espèces d'antipathes, cette gelée a la propriété remarquable de produire, quand on la touche, une sensation brûlante semblable à celle qu'on éprouve par le contact des orties. On conçoit qu'à cause de cette extrême diffluence, il eût été difficile à l'observateur le plus attentif de s'assurer de la manière de se nourrir et de se reproduire des *antipathes*.

La substance solide et rameuse, située à l'intérieur, a reçu des naturalistes le nom d'*axe*. C'est comme dans les *éponges*, la seule partie qui puisse être conservée dans les collections d'histoire naturelle. Elle est d'ailleurs sans usage dans les arts, quoiqu'on prétende qu'elle est employée par les nations indiennes à faire, soit les sceptres des princes , soit des chapelets pour les bramines , ou même des baguettes divinatoires et des talismans dont la vertu est telle que les enchanteurs ne peuvent la détruire.

On distingue comme espèces principales : *L'antipathe grande plume* , que l'on trouve sur les côtes de la Martinique , et dont la tige haute de quatre à cinq pieds, un peu contournée et se courbant avec grâce, ressemble par sa grandeur et l'élégance de son port à une belle plume de paon décolorée et brunâtre. *L'anthipathe spirale* à tige simple disposée en spirale , comme son nom l'indique, ou quelquefois simplement ondulée. *L'antipathe éventail* dont la tige plane, comprimée et rameuse, s'étale en éventail, et qu'on trouve dans l'Océan Indien. Enfin, *l'antipathe Bosc*, jolie espèce à tige flexueuse, divisée en nombreux rameaux, qui fut rapportée par Bosc des côtes de la Caroline.

LES GORGONES.

C'est Pline le premier qui donna le nom de *Gorgones* aux êtres que nous allons étudier ; Linné l'a adopté et les autres naturalistes l'ont conservé depuis. Si nous avons déjà observé une grande analogie dans la composition des éponges et celle des antipathes, l'histoire des Gorgones vient la confirmer, et lier entre elles, plus étroitement encore, ces deux productions marines dont elle éclaire l'organisation par sa propre structure et sa manière de se reproduire.

Une gorgone commence par être un de ces bourgeons, un de ces œufs, qui se détachent, libres, de la substance mère, comme nous l'avons observé dans les éponges, pour flotter au sein des eaux. Bientôt cet œuf se fixe au hasard sur quelque rocher submergé ; et là, simple papille gélatineuse, il commence son existence individuelle. Il grandit, et en grandissant il dépose sans cesse au-dessous de lui une matière cornée, dure, à cassure vitreuse, qui s'enveloppe en même temps d'une substance gélatineuse que produit l'animal de l'œuf.

Cet animal est ce qu'on nomme un *polype*. Il se compose d'un petit tube ou sac membraneux fort délicat et transparent, fixé au rocher où le hasard l'a placé, par un prolongement comme médullaire de la partie inférieure du tube, entouré, d'un côté, de la matière cornée qu'il produit, et de l'autre de la substance gélatineuse. C'est au-dehors de celle-ci, qui est ordinairement percée d'un trou, que sort l'autre extrémité du polype, extrémité où se trouve une ouverture qui sert de bouche à l'animal, et qui, par conséquent, communique dans l'intérieur du sac dont il se compose, et qui est entourée de huit petits prolongements au bras du polype disposés en rayons, et qu'on nomme *tentacules*. Ce sont ces tentacules qui servent à saisir la proie et à l'introduire dans l'ouverture de la bouche.

Plusieurs polypes peuvent se développer en même temps, au même endroit, et alors la matière cornée des uns s'adosse et s'unit à celle des autres de manière à former une seule tige ou axe. La chair gélatineuse s'unit aussi, mais elle reste au-dehors et environne la tige comme une sorte d'écorce. Le corps des polypes reste donc enfermé entre les deux substances dans un sillon ou cannelure qu'il s'y creuse naturellement; sa bouche et ses tentacules seuls sortent par le haut, ou sur les côtés par une ouverture qu'il se pratique dans l'enveloppe. Qu'un seul polype vienne à naître dans un endroit : la même chose ne tarde pas à avoir lieu, car la faculté reproductive de ces animaux est telle qu'en peu de temps le polype mère donne naissance à une infinité d'animacules semblables à lui.

On conçoit maintenant qu'au fur et à mesure qu'un nombre plus ou moins grand de ces êtres viendra à éclore en différents points des ouvertures par lesquelles sortent les polypes, ce sera autant de branches qui croîtront sur le tronc principal, et qu'il pourra se produire ainsi des rameaux et des ramuscules ayant l'aspect de la végétation, dont les tentacules rayonnés des polypes placés de distance en distance formeront en quelque sorte les fleurs. Aussi n'a-t-on pas manqué de considérer les gorgones, ainsi que les autres polypiers, comme des plantes marines, jusqu'à ce que le microscope soit venu démontrer que ces fleurs prétendues étaient des polypes, et les arbustes des *polypiers*.

Tout porte donc à croire déjà qu'une très grande analogie, lie la structure, le mode d'existence et de reproduction des éponges, des antipathes et des gorgones, comme de tous les polypes à polypier en général. Dans les gorgones seulement, la croûte enveloppante de l'axe étant plus ferme et même un peu mêlée d'une matière terreuse, il était plus facile d'en étudier les animaux; cette solidité de l'écorce servira aussi de caractère distinctif entre les antipathes et les gorgones de même que l'absence de poils cornés, qui n'étaient plus nécessaires ici pour le soutien d'une gelée qui se trouve assez solide par elle-même.

Les gorgones sont très nombreuses en espèces ; elles habitent la profondeur des mers et varient de taille selon les latitudes ; les plus grandes peuvent atteindre plusieurs mètres de hauteur ; leur axe, quoique dur et élastique, est sans usages dans les arts ; il est de couleur brune, un peu plus claire seulement aux extrémités des ramuscules. Celles qu'on possède dans les collections d'histoire naturelle conservent souvent leur écorce desséchée et quelquefois avec sa couleur qui varie beaucoup du bleu au noir, au jaune, au rouge, ou au violet, mais qui est presque toujours ternie par l'action de la lumière et de l'air.

Les espèces sont caractérisées par l'épithète qui peut le mieux en donner une idée, ainsi on peut citer entr'autres, les gorgones, *éventail, réseau, écarlate, piquetée, rose, citrine, violette, plume, queue de souris*, etc.

LE CORAIL.

Le corail, cette belle production marine connue de tous les temps comme objet d'industrie, et que sa brillante couleur rouge fit rechercher de bonne heure pour en fabriquer des bijoux et des ornemens de toute espèce ; le corail est un de ces polypiers, produits par des animalcules en tout analogues à ceux dont nous avons déjà tracé l'histoire. Sa véritable nature fut cependant fort long-temps ignorée, les anciens le regardaient comme une pierre précieuse, et bien des gens aujourd'hui, ne sont guère plus avancés sous ce rapport que les anciens. Cette opinion fut accréditée jusqu'à la renaissance des lettres ; et quoique quelques-uns se fussent hasardés jusqu'à le considérer comme un arbrisseau à cause de sa forme qui représente assez bien une racine, un tronc et des branches, ce ne fut toutefois qu'en 1703, que Marsigli ayant eu occasion d'étudier le corail au sortir de la mer, remarqua que la surface était couverte de petites fleurs. Dès lors, les opinions parurent formées, personne ne douta plus que ce ne fût une plante.

Cependant plus tard Peysonnell revint

sur cette étude et ne tarda pas à rectifier l'erreur, par des preuves sans réplique. Il fit voir que ce qu'on avait regardé comme les fleurs du corail était de véritables animaux, et il assigna à cette production la place qu'elle occupe aujourd'hui dans le règne animal.

Le corail, de même que les gorgones, se compose d'un axe central qui est cette belle substance rouge que tout le monde connaît, disposée en un petit arbuscule, dépourvu de feuilles et qui peut atteindre jusqu'à cinq décimètres de hauteur. Cette substance est environnée aussi d'une chair gélatineuse de couleur pâle médiocrement molle qui, par la dessication, se durcit et devient terreuse et friable. C'est entr'elle et l'axe et dans des sillons que se prolongent les corps des polypes, comme nous l'avons déjà remarqué dans les gorgones avec lesquelles d'ailleurs ces animaux ont une grande analogie, soit pour la forme, soit pour le mode de propagation et de développement.

D'après les observations de Donati, les coraux se propageraient par de petits corps, assez ronds, d'une extrême petitesse, mous, transparents et jaunâtres, qu'il pense être des œufs. Ces œufs détachés, et rejetés par l'animal, adhèrent facilement, à cause de leur nature gélatineuse, aux corps sur lesquels ils tombent. Puis, du milieu, cette espèce de goutte de corail, s'élève un tubercule, dans lequel on voit évidemment une cavité intérieure, et huit rides à la partie supérieure, mais sans ouverture. Le polype n'est point encore éclos, mais il prend successivement de l'accroissement ; toutes les parties se développent, et c'est alors que la capsule s'ouvre pour lui permettre de faire sortir ses tentacules, afin qu'il puisse saisir sa nourriture. L'accroissement de la partie centrale devient dès ce moment plus rapide, et il dépose dans son milieu la matière dure et rouge que l'on connaît sous le nom de corail. Ainsi grandit cette formation qui s'accroît de nouvelles branches et de rameaux, lorsque de nouveaux polypes viennent à naître et à se développer sur différens points de la tige, et qui met environ dix années pour atteindre toute la hauteur dont elle est susceptible.

Le corail vit dans la Méditerranée et dans la Mer-Rouge, à des profondeurs considérables ; on ne l'a guère pêché cependant au-dessous de deux cents à deux cent cinquante mètres de profondeur, ni au-dessus de trois ou quatre mètres. La pêche se fait spéciale-

ment sur les côtes d'Afrique , dans le détroit de Messine et dans différens endroits de l'archipel de la Grèce. Les pêcheurs sont, en général , des gens robustes et hardis, qui ne font guère cette sorte de pêche que dans leurs momens perdus , et en toute saison , du moins à Messine. Ils se servent , à cet effet , d'une sorte de croix en bois , ayant un filet attaché à chacune de ses branches, qui sont égales , et une grosse pierre dans son milieu, afin de l'entraîner sous l'eau , et auquel on attache la corde plus ou moins longue , qui sert à ramener le filet au fond de la mer. Par cette manœuvre, ils parviennent à détacher , le plus souvent en les brisant, une plus ou moins grande quantité d'arbres de coraux.

Au sortir de la mer, le corail est rouge , et si l'on en voit quelquefois de blanc dans le commerce , c'est qu'il a éprouvé cette décoloration par l'effet du temps et du séjour à l'air. On sait qu'il pâlit même et devient quelquefois blanc et poreux , lorsqu'il est porté sur la peau dans un lieu très-chaud. La transpiration de certaines personnes détruit aussi sa couleur, quelque belle et foncée qu'elle soit. A l'état frais et vivant, même au fond de la mer , le corail possède toute la dureté que nous lui connaissons , et c'est par erreur que le vulgaire croit qu'il ne durcit qu'à l'air ; peut-être la dureté moindre de l'extrémité nouvellement formée des nouvelles branches, qui en effet prend à l'air un peu plus de solidité, a-t-elle donné lieu à ce préjugé.

Après la pêche , le corail est livré au commerce, où on le trouve sous trois aspects différens, quoiqu'il n'en existe réellement qu'une seule espèce, le *corail rouge ;* on y distingue le rouge , qui se divise en rouge cramoisi foncé , et en rouge plus clair ; le vermeil , qui est rare , et le blanc clair ou terne qui est commun. La diversité de ces nuances ne tient , comme nous l'avons dit , qu'à l'action du temps.

Le corail a été employé en médecine et sous diverses formes dans une infinité de maladies différentes; mais on sait aujourd'hui qu'il n'est propre qu'à fournir des objets d'agrément , et quoiqu'il soit tombé en France, sous ce rapport, dans une digrâce presqu'aussi complète que sous celui de son emploi médical , les habitans de l'Asie et de l'Afrique ont plus religieusement conservé pour lui le goût de leurs pères. Les Gaulois ornaient leurs boucliers, leurs glaives et leurs casques de cette production brillante; les Romains en plaçaient sur le berceau des nouveaux nés , pour les préserver des maladies si dangereuses de l'enfance; les aruspices et les devins de diverses nations , considéraient les grains de corail comme des amulettes , et les portaient comme un objet d'ornement agréable aux dieux. Enfin, son nom même indique le prix qu'y attachaient les Grecs qui l'avaient nommé *koraillon* , de deux mots qui signifient *j'orne la mer*.

LES ISIS.

Les isis ont une telle analogie avec le corail que les naturalistes les avaient toujours confondus dans un même genre, dont le corail n'était qu'une espèce désignée sous le nom d'*Isis nobilis*. C'est Lamarck qui, le premier, a cru devoir les séparer et en former deux genres distincts.

L'axe des isis diffère beaucoup de celui des coraux ; loin d'être uni et homogène , il est comme articulé et formé de renflemens et de rétrécissemens alternatifs très-distincts, composés de deux substances différentes. Les renflemens sont pierreux , blancs et demi-transparens , comme de l'albâtre ; les rétrécissemens qui les séparent sont au contraire de

matière cornée et brunâtre fort tranchée.
Cette disposition particulière en articulations
alternatives, exclut toute raideur et donne aux
isis une flexibilité qui leur permet de se prêter
aux mouvemens de la mer ; aussi leur avait-
on donné autrefois le nom de *coraux articulés*. L'ensemble du polypier a la forme d'un
arbuste dont les tiges et les rameaux sont visi-
blement sillonnés de stries dans toute leur
longueur, et qui est enveloppé dans l'état frais
d'une écorce charnue qui , en se desséchant,
se détache facilement. Cette écorce sert d'habitation à une foule de petits polypes à couleurs très-brillantes. Quant à l'accroissement
et au mode de développement des isis , il a
été assez peu observé , pour que personne
n'ait pu encore en donner une description
suffisante.

Ces productions se rencontrent dans presque toutes les mers, quoique leurs espèces
soient peu nombreuses ; mais c'est surtout
dans les mers équatoriales qu'elles abondent,
comme tous les autres produits de ce genre.
Cette substance est sans usage, si on en
excepte l'emploi qu'en font certains peuples
de l'Inde, qui lui attribuent une grande vertu,
comme médicament, et qui s'en servent consé-
quemment dans une foule de maladies.

LES SERTULAIRES.

Il n'est personne qui n'ait vu de ces paysages ornés de coquillages, d'arbustes et de mousses marines produits par l'industrie des habitants des côtes maritimes.

Eh bien, la plupart de ces sortes de mousses que l'on trouve abondamment par touffes dans la mer sur toutes les côtes du nord de l'Europe, sont des *Sertulaires*. Cet aspect leur a valu, comme aux êtres précédemment décrits, d'être considérées comme des plantes et désignées comme telles dans tous les anciens ouvrages de botanique.

On sait aujourd'hui, bien qu'elles aient l'aspect de petites plantes fort jolies et fort délicates, que les sertulaires forment un très-beau genre de polypiers. Leurs tiges sont de substance cornée et transparente, flexueuse ou en zig-zag, un peu aplaties, ordinairement percées d'une cavité destinée à recevoir le prolongement du corps des polypes. Chacune de ces tiges, disposée en rameaux et en ramuscules à la manière des plantes, est composée d'un grand nombre de petites cellules pointues et comme empilées les unes après les autres, mais de telle sorte que le côté pointu est dirigé en-dehors et alternativement à droite et à gauche, de manière à donner à chacune d'elles l'aspect denté en forme de scie, aux deux bords, dans toute leur longueur. C'est dans chacune de ces cellules qu'on trouve des habitans du polypier, dont les tentacules s'étalent en rayons et dont le corps se termine postérieurement par une sorte de moelle vivante qui se prolonge dans la cavité de la tige.

Vers les jours les plus chauds de l'année, on voit croître sur les tiges des sertulaires de petites vésicules transparentes, tantôt semblables à ces petites urnes qui sont le fruit des mousses; d'autres fois, aux fleurs en cloche, et que les anciens naturalistes regardaient comme les fleurs de cette plante supposée. Ces vésicules sont des ovaires qui donnent naissance à des œufs d'où éclosent bientôt de jeunes polypes qui se détachent de leur mère, et vont se fixer au loin, selon le hasard des circonstances, pour devenir la souche d'un nouveau polypier.

LES TUBULAIRES.

Ce genre, voisin des *Sertulaires*, dont il

diffère en ce que son polypier n'est point denté sur les côtés par des cellules saillantes et en forme de calice, forme le passage aux *corallines.* Ellis le désignait même sous le nom de *corallines tubuleuses.*

Comme leur nom l'indique, les tubulaires sont des polypes habitant des tubes, ou des polypiers cylindriques. En effet, ces animaux, pourvus d'une double couronne de tentacules, l'une interne ramassée en faisceau, l'autre ouverte et projetée en dehors en rayonnant, sont fixés solitaires à l'extrémité d'un tube fort mince, de substance cornée transparente et remplie d'une matière pulpeuse qui est sans doute le prolongement de la substance même du polype. Ces tubes, plus ou moins nombreux et variables en dimensions, sont attachés les uns aux autres, à la manière des branches et des rameaux d'un arbrisseau dépourvu de feuilles ; chacun d'eux offre ce caractère particulier que son extrémité est terminée par un polype placé là comme une sorte de fleur, obligé de rester dans cette situation et privé de la faculté de rentrer dans le tube.

Les *tubulaires* se reproduisent par des gemmes oviformes, enveloppés chacun dans une membrane en forme de vessie, qui nais-

sent de l'intérieur, et sortent entre les tentacules inférieurs et le tube.

Les espèces sont peu nombreuses ; on les
trouve dans toutes les mers; elles étaient désignées autrefois par quelques naturalistes
sous le nom commun de *corallines tubuleuses*,
ce qui indique déjà leur ressemblance avec le
genre voisin dont l'étude va suivre.

Il existe une sorte de tubulaires qui habite
les eaux douces, et dont Lamarck a fait un
genre à part sous le nom de *plumatelles*.
Elles ressemblent aux *tubulaires* marines par
leur aspect, par leurs tubes formant des
tiges grèles souvent ramifiées et terminées par
un polype solitaire. Ceux qu'on appelle aussi *tubulaires d'eau douce*, offrent cependant cette
différence que leur polype n'a la bouche entourée que d'un seul rang de tentacules , et
qu'il peut rentrer entièrement dans sa tige
à la moindre secousse , ou au moindre attou-
chement. Enfin, ces *plumatelles* ont quelques
rapports avec les *tubicolaires* que nous avons
vu figurer parmi les microscopiques ; mais elles
en diffèrent beaucoup en ce qu'elles ont autour
de la bouche des tentacules disposés en rayons,
et non des organes ciliés et rotatoires comme
ces derniers.

5*

LES CORALLINES.

Ici, bien plus que pour les productions marines précédentes , les naturalistes ont longtemps agité la question de savoir si les corallines devaient être rangées parmi les plantes ou parmi les animaux. Les plus expérimentés d'entr'eux , tels que Carollini, Pallas, Olivi , Spallanzani, etc., après bien des observations directes sur des individus à l'état frais , décidèrent qu'ils appartenaient au règne végétal.

Cependant leur ressemblance avec les sertulaires , qui leur donne ce même aspect de touffes marines ; les fibres cornées dont elles se composent, et que l'on voit se revêtir d'une matière calcaire , fracturée par intervalle en forme d'articulations , doivent plutôt les faire considérer comme des polypiers voisins du genre qui précède. Spallanzani avait imaginé que la matière terreuse qui environne l'axe n'était qu'un dépôt des matières tenues en suspension dans l'eau de la mer. Mais comment supposer que le hasard pût amener un dépôt aussi constant et surtout aussi régulier ! Il est bien plus facile de croire que ceci est le résultat d'une élaboration analogue à celle

qu'on rencontre dans tant d'autres polypiers.
Du reste, on peu s'en rapporter encore à
l'opinion de naturalistes tels que Lamarck,
Cuvier, Lamouroux et autres, qui n'hési-
tent pas à considérer ces êtres comme des
productions animales. Bien que les cellules ne
soient pas visibles à l'œil nu, M. Lamouroux
particulièrement, pense que ce sont de véritables polypiers, habités par des polypes et
que ceux-ci consistent en de petits filamens
qu'on y aperçoit, et qui sont doués de mouvemens.

Les corallines s'élèvent en tiges articulées
rameuses, et un peu comprimées. Leurs couleurs sont fraîches et purpurines ; elles se
nuancent diversement par leur exposition à
l'air et par gradations depuis le rose tendre et
vif, jusqu'au brun terne ou verdâtre ; mais
en peu de temps elles blanchissent complètement par leur exposition à l'air.

On les trouve en grande abondance dans
dans toutes les mers où elles résistent aux
flots, fortement fixées aux rochers marins. Les
espèces, quoique nombreuses et répandues,
sont plus brillantes et plus belles lorsqu'elles
habitent le voisinage de l'équateur ; leur taille
peut s'élever à un décimètre environ. La
plus connue de toutes est la *coralline officinale*

qui a joui long-temps de la réputation d'un puissant vermifuge, et a été employée comme telle en médecine, en poudre ou sous forme de sirop ; mais cette vertu lui a été fort contestée depuis, et cette substance est tombée en désuétude.

LES FLUSTRES.

Les polypiers qui ont reçu ce nom sont formés de cellules comme cornées, peu profondes et accolées les unes aux autres, de manière à former un polypier semblable à une membrane, plate, de couleur fauve blanchâtre, quelquefois rougeâtre ou grise, qui s'attache comme une sorte de croûte sur tous les corps qui se trouvent dans la mer. Souvent ces membranes forment une couche qui revêt les plantes marines; d'autres fois elles affectent d'autres formes, et quelquefois elles forment comme un pli qui croit, s'élève et s'étale ou en rameaux ou en feuilles planes disposées en touffes. L'animal habitant de ces demeures a été bien observé ; c'est une sorte de petit calice vivant, dont le pied plus étroit que l'ouverture, est fixé au fond de la cellule qui le renferme. Le bord de ce calice, ou la bouche, est entouré de douze tentacules, bien

symétriquement disposés en rayons; l'intérieur forme le canal digestif. L'animal peut
sortir presque tout entier de la cellule pour
saisir sa proie, quoique le pied fixé au fond
ne se détache jamais, et que la substance
cornée dont se compose la cellule elle-même,
semble appartenir au corps du polype. Tous
ces animaux, quoique isolés, sont néanmoins
liés et assujettis à une vie commune.

Spallanzani nous a fait connaître le mode
curieux de leur reproduction: c'est toujours
par les bords de la circonférence de la masse
du polypier qu'elle a lieu, et elle est tellement
prompte, qu'on peut voir en assez peu de
temps une suite nombreuse de générations.
Sur ce bord, poussent de petites vésicules,
d'abord entièrement closes, et rejetées très
probablement par l'animal voisin; elles s'ac-
croissent peu à peu, se gonflent, prennent
l'aspect d'une cellule; et enfin on voit se former un orifice, d'où sort le polype qui existait
préalablement dans la cellule, et dont on pouvait voir aisément les mouvemens à travers la
paroi presque transparente. Au bout de peu
de temps, c'est-à-dire de quelques heures seulement, les polypes développés produisent de
nouveaux œufs, et ainsi successivement, en
sorte que les générations semblent se hâter de

se succéder sous les yeux même de l'observateur.

Les espèces de flustres sont nombreuses ; on en compte de trente à trente six.

LES CELLÉPORES.

Pour l'apparence, les cellépores ressemblent parfaitement aux flustres. Le caractère qui les distingue est seulement d'avoir des cellules élevées qui dépassent en hauteur la lame qui unit les cellules entre elles pour constituer le polypier. Il semble que ces cellules soient à peu près libres dans la plus grande partie de leur étendue pour ne se toucher que par la partie inférieure.

Comme les flustres, les cellépores sont encroûtans et s'attachent aux différens corps sous-marins. Ils ne se font guère remarquer, ni par leurs formes, ni par leurs couleurs, et n'ont guère l'apparence que de petits dépôts calcaires, fort durs, surtout lorsqu'ils ont été exposés à l'air. Leurs animalcules ont été peu étudiés et sont tous microscopiques. Les espèces sont très peu nombreuses.

§ 2ᵉ. *Polypiers pierreux.*

LES MADRÉPORES.

On voit souvent dans les cabinets d'histoire naturelle, ou chez les marchands de coquillages et autres productions marines, une sorte de végétation pierreuse, offrant mille formes diverses ; tantôt ce sont des branches arrondies percées de mille petits trous ou de jolies étoiles ; d'autres fois ce sont de larges feuilles étalées, poreuses, inégales, ou bien des masses criblées de petites loges, des décou pures délicates, ou de légères dentelles pétrifiées. Ce sont là autant de polypiers pierreux que l'on rassemblait autrefois sous la dénomination commune de *Madrépores.*

Tous les naturalistes, et Tournefort lui-même, les regardèrent comme des plantes ; mais comme la ressemblance avec les végétaux était un peu éloignée à cause de leur aspect pierreux, on prit le parti de les considérer comme formant le passage des végétaux aux minéraux, et on leur donna le nom de *plantes-pierres.*

Il n'en est pas moins vrai que ce sont de vrais polypiers enduits dans l'état frais d'une matière gélatineuse vivante percée de trous et parsemée de petits polypes, dont le principal caractère qui les distingue des précédens est de déposer au lieu d'un axe corné un squelette de nature terreuse. Lesueur, qui en a observé de vivans dans une des espèces de Madrépore, rapporte qu'ils sont tous gélatineux, mous, presque diffluens, rayonnés et pourvus de douze tentacules, courts, placés autour de l'ouverture centrale. Ces tentacules ont à l'extérieur, et à leur sommet, une tache blanchâtre, en forme de larme, entourée de roux, et à leur base un petit bourrelet.

Cependant, à mesure que des progrès eurent lieu dans l'étude des madrépores, on élagua de ce groupe beaucoup de polypiers dont la disposition et la structure par leurs analogies permirent de former des genres particuliers, et le nom de madrépores resta en propre à tous les polypiers lamelleux et ramifiés, dont la surface est hérissée de cellules saillantes.

Les espèces de ce genre, ainsi limité, ne se trouvent dans aucune des mers qui baignent l'Europe. Jusqu'ici ce n'est que dans les mers de l'Amérique Méridionale, et surtout dans celle de l'Inde, qu'on a pu les rencontrer. Ils s'y développent à des profondeurs considérables, fixés par leur base, élevant plus ou moins leurs expansions foliacées ou les ramifications qui les constituent, et ces polypiers, quoique calcaires, présentent, comme les polypiers de substance cornée, cette particularité, qu'ils sont beaucoup plus durs à leur base qu'au sommet nouvellement formé de leurs ramifications.

Les madrépores passent pour les animaux les plus anciens du monde. C'est à eux qu'on attribue la formation de la plupart des montagnes calcaires ; c'est leur croissance rapide et multipliée qui forme chaque jour d'immenses écueils dans les mers équatoriales. On sait aussi que la plupart des iles de la mer du Sud et des Indes, reposent sur un sol calcaire entièrement composé de polypiers pierreux, et qu'ils entrent dans la composition des montagnes les plus élevées.

Le nombre des espèces des madrépores est considérable et diversement distribué ; Linné les classait dans les cinq divisions suivantes :

1º Madrépores à étoile unique ;

2º Madrépores à étoiles disjointes ;

3º Madrépores à étoiles conjointes ;

4º Madrépores en masse, à étoiles distinctes et à intervalle tuberculeux et poruleux ;

5º Madrépores rameux, à étoiles distinctes.

Cette indication peut donner une idée de la diversité des formes qu'affectent les madrépores, diversité qui, plus tard, a fourni à la formation de genres particuliers. Les espèces suivantes sont celles qui sont généralement adoptées aujourd'hui : Madrépore *palmé*, madrépore *éventail*, madrépore *en corymbe*, madrépore *plantain*, madrépore *pocillifère*, madrépore *lâche*, madrépore *muriqué*, madrépore *corne de cerf*, madrépore *prolifere*.

LES ESCHARES.

Les *eschares* sont des polypiers pierreux, percés en forme de réseaux et disposés en lames aplaties qui se composent d'une multitude de petites cellules dont les parois sont confondues, et dont l'ouverture est plus étroite que le corps. Leur dureté est moins grande que celle des autres polypiers pierreux.

Lamarck, le premier, en 1816, sépara définitivement ce genre, des *flustres*, avec lesquels il avait été confondu par Linné et plusieurs autres naturalistes ; il en diffère d'ailleurs fort peu, et uniquement parce qu'il est un peu plus pierreux. Le mode d'accroissement est tout-à-fait le même ; il se fait par les bords du polypier et au moyen de petites bourses, ou œufs, d'abord entièrement clos, qui s'ouvrent ensuite pour laisser sortir le polype, et se solidifient de plus en plus.

Les principales espèces du genre dont il s'agit, sont : *L'eschare foliacé*, que l'on trouve sur les côtes de France, et qui peut atteindre quelquefois un mètre de grandeur en tous sens ; *l'eschare à bandelettes*, vivant dans la Méditerranée ; et *l'eschare lobé*, étalé en lames, sur les plantes marines, sur les rochers voisins du banc de Terre-Neuve.

LES MILLÉPORES.

On a ainsi désigné des polypiers pierreux ayant des formes diverses, le plus souvent rameux, mais toujours percés sur toute leur surface, d'une infinité de pores cylindriques très petits, quelquefois même à peine perceptibles. Sous ces caractères se trouvent réunies beaucoup d'espèces encore mal connues, et qui semblent avoir entre elles fort peu d'analogie. De quelques-unes de celles qui semblent se distinguer par une surface dont les pores échappent entièrement à l'œil, on a cru devoir former un genre particulier sous le nom de *millépores*.

Les millépores ont une tendance à s'accroître en expansions aplaties, soit en recouvrant différents corps submergés, soit en s'élevant en rameaux plus ou moins comprimés.

On peut remarquer parmi les espèces diverses de millépores le *millépore tronqué,* formé de rameaux toujours cylindriques, croissant par petites branches percées de pores qu'habitent les polypes. Le *millépore rouge* à surface plane et légèrement rameuse, couverte de petits pores irrégulièrement disposés et tout-à-fait superficiels. Cette espèce s'accroît par toute sa surface par la formation de lames poreuses superposées, mais dont les pores ne se correspondent pas d'une manière exacte, de sorte que si l'on vient à rompre le polypier dans le sens vertical, on voit la trace des couches superposées, et la disposition des pores assez inégale et confuse, comme celle d'une matière spongieuse. Les autres espèces sont caractérisées par les noms qui représentent le mieux leurs formes, tels que ceux de *corne, d'élan, tabulifère, squarreux, rude, aplati,* etc.

LES CARYOPHYLLIES.

Certains polypiers pierreux, considérés autrefois comme des madrépores, affectent si bien la forme d'une fleur d'œillet prête à s'ouvrir qu'on les a désignés sous le nom de *caryophyllies*, du nom de la famille de cette plante, qu'on désigne par la dénomination de caryophyllée. Ces cellules, en fleurs d'œillet, s'élèvent quelquefois en tiges, d'autres fois se groupent en touffes. Leur ouverture ressemble à une étoile de laquelle sort un polype en forme de fourreau, pourvu de huit tentacules disposés en rayons, et qui offrent la particularité d'être terminés en forme de pince de crabe.

LES TUBIPORES.

Les *tubipores* se distinguent des autres polypiers pierreux en ce qu'ils sont formés de tubes cylindriques nombreux et réunis les uns aux autres de distance en distance, par de petites cloisons tranversales, en sorte qu'ils présentent souvent, et assez bien l'aspect des rayons de cire qu'on trouve dans les ruches d'abeilles. Le *tubipore musique* ou *orgue de mer*, la seule espèce connue, est remarquable par la régularité de ses cloisons et de ses tubes, et surtout par la beauté de sa couleur rouge, qui lui a valu aussi le nom de *tubipore pourpre*.

Le polype auteur de cette élégante construction se compose d'un sac, de la longueur du tube dans lequel il est enfermé. Ce sac, entièrement mou dans le jeune âge, s'encroûte peu à peu d'une matière pierreuse qu'il produit lui-même, et forme ainsi le tube qui, plus tard, lui sert d'étui. C'est donc par une sorte d'ossification continuelle de la partie inférieure de la membrane ou du sac du polype que le tube grandit; mais la partie supérieure de cette membrane reste toujours distincte; elle dépasse même l'étui d'une certaine quantité, et c'est cette portion qui a la faculté de saillir au dehors ou de se contracter au dedans. Son bord est garni de huit tentacules couverts de petites granulations. Puis la membrane semble s'être repliée au dedans, jusqu'au niveau de l'endroit où elle dépasse le tube, et là se trouve un disque membraneux épais, qui sépare, pour ainsi dire, l'animal en deux parties; l'une supérieure qui porte les tentacules et qui peut se montrer au dehors ; l'autre inférieure , toujours cachée dans le tube.

On trouve cette riche production dans l'océan des Indes Orientales et dans la mer Rouge. Péron , qui a observé les polypes de ces beaux polyp'ers , dit qu'ils ont des tentacules frangés de couleur verte. Ces polypes, ajoute-t-il , forment au-dessus des flots de grandes masses , sémi-globuleuses , d'un très beau vert et qui semblent autant de pelouses de verdure , reposant sur des roches de corail.

§.3°. *Polypiers charnus.*

LES ALCYONS.

Ici se trouvent rassemblés des zoophytes qui semblent avoir une organisation un peu plus avancée que les précédens, mais qui semblent cependant par la forme et la composition se rapprocher davantage des éponges. Les êtres qui composent ce groupe sont, pour la plupart, mal connus et fort différens les uns des autres : aussi ne faut-il les considérer que comme un assemblage provisoire d'êtres si difficiles à définir. Comme la plupart

des polypiers, ils s'étendent tantôt en forme d'é-
corce sur différens corps, d'autres fois ils forment des masses arrondies ou se divisent plus
ou moins en lobes ou en rameaux et affectent
enfin des formes très variées. Leur base, légère et friable lorsqu'elle est détachée, paraît
composée de fibres fines, raides et longitudinales ou divergentes selon que l'individu est
ramifié ou approche de la forme arrondie.
Dans l'état frais, cette base est évidemment
composée de fibres cornées, très petites, entrelacées et feutrées, qui sont en outre empâ-
tées d'une pulpe charnue persistante, souvent
un peu transparente et que la dessication
rend ferme et coriace. C'est dans les pores de
cette masse charnue qu'habitent de nombreux
polypes.

Parmi les espèces auxquelles donnent
lieu tant de variétés de formes, on remarque :

1° L'alcyon, *orange de mer*, irrégulièrement globuleux, vide à l'intérieur, et qui
adhère ordinairement aux rochers. Sa surface est jaunâtre et raboteuse, et percée
de beaucoup de petits pores disposés en quin-
conce.

2° L'alcyon, *figue de mer*, ainsi désigné
à cause de sa forme qui imite assez bien

celle d'une figue, et dont la couleur est olivâtre et la surface couverte de petites étoiles à six rayons.

3° *L'alcyon arborescent*, la plus grande des espèces connues, qui peut s'élever à la hauteur de deux mètres, et dont le tronc atteint quelquefois la grosseur du bras.

4° L'alcyon, *main de mer*, dont la tige adhérente par sa base, se divise en lobes et en digitations semblables à celles d'une main humaine, et qui est recouvert dans toute sa superficie de petits mamelons percés chacun d'un trou à travers lequel passe le polype. Cette espèce se fixe sur les huîtres, les galets et autres corps qui se rencontrent sur les rivages de nos côtes.

Les alcyons sont répandus dans toutes les mers. C'est sous les rochers, à l'abri des courans et du choc des vagues, que ces petits animaux se plaisent à développer leurs polypiers ; ils y établissent leurs nombreuses colonies, s'y multiplient à l'infini, et là seulement, ils étalent des couleurs brillantes et translucides, que le contact de l'air fait disparaître souvent en quelques minutes.

Une seule espèce habite les eaux douces, c'est l'*alcyon fluviatile,* appelée aussi *alcyonnelle des étangs.* Elle a été découverte depuis peu : fixée sur des plantes , des pierres ou des tronçons de bois immergés dans les étangs et les fontaines des environs de Paris , et principalement de Bagnolet.

----

§ 4. — *Polypiers non fixés , ou flottans.*

LES PENNATULES.

Leur nom indique déjà la forme de ces polypiers qui ressemblent parfaitement à une plume d'oiseau.

C'est d'abord une tige alongée , charnue et irritable dans l'état vivant, formée au centre d'un axe cartilagineux et même presque osseux. Puis, dans la plus grande partie de sa hauteur et supérieurement , cette tige reçoit deux rangs opposés de petits rameaux aplatis , ou ailerons implantés comme les barbes d'une plume. Chacun de ces appendices ou pinnules est denté sur son bord supérieur, et de chacune de ces dents qui sont des espèces de calices, on voit sortir un polype.

Le caractère de ces polypiers est de n'être nullement fixés par leur base, et de pouvoir flotter librement au sein des eaux. Il est vrai qu'à cause de cette faculté on avait aussi réuni dans ce même genre et sous cette dénomination, tous les polypiers nageurs, quoique la plupart ne ressemblent nullement à l'objet qui sert de type et de terme de comparaison; mais Lamarck a réservé le nom de *pennatules* aux seuls polypiers ayant deux rangs opposés de pinnules polypifères.

Ces êtres, que l'on trouve dans toutes les mers des climats chauds et tempérés, sont remarquables, autant par la propriété qu'ils ont de répandre, la nuit, dans la mer une vive lueur phosphorescente, que par le mode de leur natation et de leurs mouvemens dans l'eau. C'est en quelque sorte une petite galère mue par les mouvemens alternatifs de contraction et d'expansion des polypes, qui seraient les rameurs de cette singulière embarcation. Il ne faut pourtant pas croire qu'il y ait entre tous ces animaux un accord unanime destiné à harmoniser les mouvemens, de manière à les diriger dans un sens déter-

miné ; la raison se refuse à une pareille supposition pour des êtres d'une organisation
aussi inférieure et aussi peu avancée que celle
des polypes. Il est bien plus présumable que
les *pennatules*, dans leurs déplacemens et
leurs mouvemens d'ensemble, sont en plus
grande partie sous l'influence des courans,
et que chacun des mouvemens partiels des
polypes n'a lieu que dans le but de saisir les
alimens qui viennent à leur portée.

Ellis a observé que les *pennatules* se reproduisent par des vésicules, dans lesquelles se
trouvent des bourgeons en forme de petits
œufs, qui s'en séparent et se développent en
nouvelles pennatules. Ces vésicules disparaissent dès que les bourgeons qu'elles contenaient
s'en sont détachés.

Les principales espèces de ce genre sont :
la *pennatule phosphorescente*, la *pennatule
grise*, la *pennatule granuleuse*, la *pennatule
épineuse*, la *pennatule argentée*, etc.

LES CRISTATELLES.

Dans les eaux douces et dormantes, on
trouve sur différens corps comme de petites
taches de moisissure assez semblables à celles

que présentent les *vorticelles*, et dont *Roësel*, le premier, nous fit connaître les singuliers polypes. Le polypier ici n'en est plus qu'un vestige, c'est un corps globuleux et gélatineux enveloppé d'une membrane mince et transparente, libre et nageant au sein des eaux. La superficie de ce corps est couverte de petits tubercules, du sommet desquels sortent autant de polypes. Deux branches arquées viennent aboutir de chaque côté de la bouche du polype, et dans le cintre de ces deux demi-cercles viennent s'implanter de nombreuses tentacules disposées à la manière des dents d'un peigne. On retrouve ici quelque chose d'analogue à ce qu'on voit dans les *plumatelles*, mais cependant il y a ceci de particulier, que les tentacules des *cristatelles* peuvent se contracter isolément.

On trouve ces animaux dans les eaux douces ; leur grosseur, approchant de celle d'une graine de chou, les rend faciles à observer ; on n'en connaît qu'une seule espèce, c'est la *cristatelle vagabonde*.

§ 5. — *Polypes nus et gélatineux.*

LES HYDRES.

Les polypes, dont il s'agit ici, sont entièrement dépourvus de polypiers; ils consistent en un simple petit tube alimentaire transparent, entièrement composé de globules *monadaires*, et pouvant se contracter au point de disparaître entièrement. Le pied par lequel ce tube est fixé est aminci, l'autre extrémité, au contraire, où se trouve la bouche est un peu évasée et garnie d'un rang de dix tentacules environ, disposées en rayons aussi fins que des cheveux, et d'une contractilité extrême. Ces tentacules sont douées d'un sens du toucher très délicat; les *hydres* les agitent sans cesse jusqu'à ce qu'elles aient senti leur proie qu'elles enlacent dans ces nombreux filets; puis elles la dirigent, par ce moyen, vers l'ouverture de leur bouche qui peut se dilater en une sorte de calice, conduisant dans l'estomac ou cavité intérieure dont le corps de l'animal est creusé. Il ne faut pas croire cependant que l'hydre choisisse sa nourriture;

elle prend et avale au hasard, et c'est l'estomac seulement qui juge, par les effets qu'il éprouve, s'il doit digérer où rejeter l'aliment introduit. Dans le cas où la substance avalée n'est pas entièrement absorbée, et où il se forme un résidu, ce résultat de la digestion est rejeté par la bouche même, qui sert d'anus chez tous les polypes, leur tube digestif n'étant pourvu que d'une seule ouverture.

Les premières observations que nous ayons eues sur ces animaux curieux, furent publiées par *Trembley*, en 1746; les recherches qui ont été tentées après lui, non seulement n'ont apporté aucun changement, mais sont venues confirmer son travail, en sorte que l'on peut citer avec confiance tout ce qui a été dit par lui-même, et répété après lui.

Trembley a fort bien observé la voracité de ces animaux ; il les a vus enlacer dans leurs bras des insectes de toutes espèces, des vers, des nymphes, des cousins ou de petites mouches, et parvenir à les avaler. Enfin le trait suivant, rapporté par lui, peut en donner une idée. « Quand je vis un polype qui avait arrêté un poisson, dit-il, et qu'il l'approchait de sa bouche, je compris bien qu'il ferait tout son possible pour l'avaler ; il s'agissait de faire passer dans le corps un poisson long de quatre lignes, assez épais, et qui ne pouvait pas se replier pour se ranger dans son estomac. Le polype, qui entreprenait de l'avaler, ayant été obligé de se contracter par les secousses que le poisson lui avait données en se débattant, n'avait alors guère plus de deux à trois lignes de longueur. Malgré tout cela, la plupart des polypes qui ont arrêté un gardon, sont venus à bout de l'avaler. Quand un polype à longs bras en avalait un, cette portion étroite de son estomac qui forme la queue, était obligée de s'ouvrir en recevant une partie de la proie. Un polype qui avait avalé un poisson était difficile à recconnaître. Je suppose, par exemple, qu'il avait avalé la queue la première, on voyait alors les bras contractés à l'extrémité de la tête du poisson ; c'est là ce qui paraissait le mieux. La peau du polype était si parfaitement tendue et appliquée sur celle du gardon, qu'on le voyait distinctement à travers, et que souvent, si l'on n'avait pas été au fait, on aurait pu croire qu'on ne voyait qu'un poisson, qui avait à l'extrémité antérieure, des barbes de quelques lignes de longueur. Ce poisson logé tout entier dans le corps d'un polype dont la peau était alors si mince **y** a cependant été digéré. Il n'y est pas resté un quart d'heure en vie ; il a été sucé, et a été ensuite rendu par la bouche du polype, reconnaissable à la vérité, mais cependant assez défiguré. C'est ce que jai vu un grand nombre de fois. »

L'hydre ne se contente pas d'avaler les animaux et les petits pucerons dont elle se nourrit de préférence; elle avale même ses propres bras qui ont servi à les enlacer, et les conserve dans son estomac quelquefois plus de vingt-quatre heures, et au bout de ce temps ils sortent tels qu'ils étaient entrés; tandis que la proie a été mise en dissolution, et entièrement digérée. Il y a même plus : souvent, selon Trembley, on voit deux de ces polypes se disputer le même ver, et le tirer chacun à eux avec beaucoup de force. Il arrive assez fréquemment que l'un commence à l'avaler par un bout, et l'autre par l'autre; et qu'ils continuent à avaler chacun de leur côté jusqu'à ce que leur bouches se touchent. Elles restent quelquefois appliquées assez long-temps l'une contre l'autre; après quoi le ver se rompt, et chaque polype en a la moitié; mais d'autres fois le combat ne se termine pas là : les polypes continuent à se disputer leur proie, lorsque leur têtes se touchent; l'un des polypes ouvre davantage la bouche, et se met en devoir d'avaler l'autre avec la

portion de ver qu'il a dans le corps. Il l'avale
en effet plus ou moins, et souvent même
presque tout entier. Ce combat finit cependant
plus heureusement qu'on ne serait d'abord
porté à le croire, pour le polype qui a été
englouti par son adversaire. Il ne lui en coûte
que sa proie, que l'autre lui arrache souvent
dans son estomac ; il sort tout entier, sain et
sauf du corps de son ennemi, après même
y avoir été pendant plus d'une heure.

Cependant, quelque affamées qu'elles soient,
les *hydres* ne se mangent jamais entre
elles ; si on présente à une *hydre* une de ses
semblables, comme on lui présenterait un
ver ; au lieu de le saisir sur-le-champ, comme
elle le ferait si c'était une proie convenable,
elle ne fait aucun mouvement qui tende à
l'arrêter, et la laisse glisser sur ses bras jusqu'au
fond de l'eau. La nutrition est un fait
d'autant plus remarquable chez ces animaux,
qu'elle peut s'opérer par la surface extérieure de leur corps aussi bien que par l'intérieure ; aussi ils peuvent vivre assez long-
temps sans manger ; et si on vient à les
retourner comme un doigt de gant, de manière à mettre la peau en dedans ; celle-ci
devient l'estomac, et digère parfaitement
bien.

Les hydres jouissent d'une très grande sensibilité; le froid les engourdit, et leur ôte complètement la faim et l'activité nécessaire pour chercher à manger, et saisir la proie qui se présente. Mais à mesure que la chaleur augmente, leur appétit renaît avec l'activité et les manœuvres nécessaires pour saisir les petits animaux qui viennent au devant de leurs piéges. Elles paraissent aussi fort sensibles à la lumière qu'elles recherchent de préférence.

Leur reproduction est fort simple, comme celle des autres polypes, par des bourgeons qui naissent à la surface de leur corps, et qui se séparent plus ou moins promptement selon l'époque de la saison où ils sont formés. Ceux qui naissent en automne se détachent bientôt sans se développer en *hydre*, tombent et se conservent dans l'eau pendant l'hiver; mais ceux qui naissent auparavant ne se séparent que tardivement, en poussent eux-mêmes d'autres de la même manière après s'être développés, et alors l'animal se ramifie comme un végétal. Tous ces polypes, encore adhérens à leur mère et les uns aux autres, se nourrissent en commun; en sorte que la proie que chacun d'eux saisit et avale, se digère et profite à tous les polypes. C'est sans doute de cette disposition, qui présente une multitude de têtes fixées sur un même corps, que les *hydres* ont reçu leur nom.

Quant à la formation de ces bourgeons, et ensuite à leur développement, voici ce que l'on observe : On voit d'abord paraître sur le corps de l'hydre une petite excroissance latérale, qui bientôt prend la forme d'un bouton. Si la saison n'est pas trop avancée, ce bouton, au lieu de se détacher et de tomber sans développement, s'alonge peu à peu, s'amincit ou se rétrécit vers sa base, s'ouvre et pousse des bras en rayons à son extrémité.

Enfin, une circonstance vient encore ajouter à tout le merveilleux de l'histoire de cet animal, et prouver combien la nature a été prodigue envers lui de moyens de résister à toute destruction. Si l'on prend des ciseaux très fins, et que, les passant délicatement sous le corps d'une *hydre* qui s'étale, on la coupe en travers, puis qu'on examine avec le microscope chacune de ces moitiés placées dans des verres contenant très peu d'eau, on les voit d'abord contractées au fond du verre. Elles ne restent ordinairement pas long-temps sans s'étendre plus ou moins. A mesure que ja moitié antérieure, c'est-à-dire celle où est a tête s'étend, l'ouverture qui se trouve à son extrémité postérieure, à cause de la section, se ferme ; le bout postérieur se rétrécit, et l'*hydre* redevient une *hydre* complète. Si l'opération a été pratiquée en été, il n'est pas rare de voir l'animal manger le même jour, et quelquefois même immédiatement après la section.

On voit la seconde moitié ouverte à son côté antérieur, à l'endroit où l'*hydre* a été coupée ; les bords de cette ouverture paraissent d'abord un peu renversés en dehors, puis ils se replient en dedans, et finissent par boucher entièrement l'ouverture. Alors ce bout paraît renflé, et l'animal reste immobile, mais bientôt des bras commencent à pousser et à s'accroître tout autour, la bouche se forme, et le polype peut saisir sa nourriture.

On a remarqué que cette reproduction se fait plus ou moins vite, selon qu'il fait plus ou moins chaud. Dans les grandes chaleurs de l'été, les bras peuvent pousser vingt-quatre heures après la section, et en deux jours l'animal peut manger. Dans un temps froid, au contraire, cette tête n'est formée qu'au bout de quinze ou vingt jours.

Enfin, on a coupé des *hydres* en long, ou de différentes manières, et par un grand nombre de sections on les a, pour ainsi dire , hachées , et chacun des petits morceaux a bientôt reproduit une *hydre* tout entière.

On trouve des *hydres*, soit dans les eaux douces , soit dans la mer. C'est pendant l'été surtout, qu'il faut chercher à se les procurer, en prenant des lentilles d'eau ou d'autres plantes aquatiques, dans les recoins que forment les fossés , les mares et les étangs ; dans ces endroits , surtout, où le vent pousse et rassemble les plantes qui flottent sur l'eau. On les place alors dans un vase plein d'eau pure ; dans le premier moment on ne peut guère les apercevoir , parce qu'elles sont contractées, et ne sont que comme un point noir qu'on voit fixé sur les branches ou sur le revers des feuilles. Mais, si on laisse l'eau en repos pendant quelques instans , elles ne tardent pas à s'étendre et à se mouvoir. Bien que quelques-unes soient assez grosses pour être distinguées à la vue simple, il faut les observer, si on veut les voir convenablement, avec une forte loupe ou un microscope. Quoiqu'on ait cherché quelquefois inutilement des *hydres* dans un endroit , on doit y revenir , car quelquefois on en trouve en très grande quantité, huit ou quinze jours après , là où on n'avait pu en découvrir une seule.

On distingue des *hydres* de différentes espèces : 1° l'*hydre verte* ou *polype vert* que l'on trouve dans les eaux douces , sous les feuilles des plantes aquatiques , qui est petite et présente huit à dix tentacules.

2° *L'hydre commune*, de couleur grisâtre, ayant des tentacules variables en nombre et en longueur.

3o *L'hydre brune*, habitant aussi les eaux douces, ayant des tentacules fines comme des cheveux, et entièrement longues.

4o *L'hydre pâle*, dans les eaux stagnantes, mais rare.

5° *L'hydre gélatineuse*, qui se trouve sous les plantes marines dans la mer du nord.

6o *L'hydre jaune*, habitant l'océan Atlantique.

7o *L'hydre corinaire*, se trouvant dans la même mer sur les fucus.

LES CORINES.

Bien que les *corines* eussent été autrefois confondues avec les *hydres*, leur structure est tellement différente qu'on a dû aujourd'hui en faire un genre à part. Elles ne sont pas formées d'un simple petit tube , comme ces dernières, mais d'un corps renflé et arrondi qui se termine par un pédicule aminci, de sorte que l'animal ressemble assez bien à une petite massue. Le sommet de la massue ou renflement est percé d'une bouche destinée à recevoir des alimens, qui se resserre et se dilate continuellement. L'autre extrémité, c'est-à-dire, celle du pédicule, est fixée sur les corps qui sont dans l'eau, ou d'autres fois sur le pédicule d'autres *corines*, de telle sorte que la réunion de plusieurs de ces êtres forme comme une petite végétation.

Le renflement qui constitue le corps ou le ventre de l'animal, est parsemé vers sa base de bourgeons ou œufs en forme de petits grains : plus haut on voit de petits appendices alongés qui ont été regardés comme des tentacules destinées à saisir la proie des *corines*, mais qu'avec plus de raison, l'on considère maintenant comme la base de bourgeons destinés à reproduire l'animal. Bosc dit même les avoir vus se séparer de la mère pour aller former de nouveaux individus.

Les *corines*, quoique fixées, peuvent exécuter toutes sortes de mouvemens; ce qu'elles doivent à la forme alongée et à la souplesse de leur pédicule.

Leurs espèces sont au nombre de six et se

rencontrent dans la mer Rouge et dans la mer
Atlantique, depuis l'équateur jusqu'à la mer
du Nord.

---

§ 6.—*Polypes nus et charnus.*

LES ZOANTHES.

De même que les *corines*, les *zoanthes* ont
une forme renflée en massue, mais le renflement est moins arrondi, et se confond plus
sensiblement avec le pédicule. Les *zoanthes,*
d'ailleurs, sont plus fermes, et ont une chair
assez solide; elles sont pourvues d'une bouche
centrale, entourée de tentacules, et leur base
est fixée le long d'un tube rampant par lequel
elles communiquent les unes avec les autres,
de manière à constituer des animaux composés, qui participent à une vie commune, et
qui ne sauraient se déplacer.

On n'en connaissait guère qu'une seule espèce appelée *zoanthe d'Ellis;* mais assez récemment, Lesueur en a fait connaître trois

espèces nouvelles du golfe du Mexique, dans le *journal de l'Académie des sciences* de Philadelphie.

LES ACTINIES.

Que l'on se figure de jolies fleurs doubles étalant leurs pétales ornés des plus vives couleurs, et l'on aura une idée des *actinies* qui ont aussi été nommées, à cause de cela, *anémones de mer*. Ce sont cependant de vrais animaux appartenant à la classe des polypes. Leur corps n'est qu'un petit cylindre charnu environné d'une peau extérieure, et creusé d'une cavité intérieure propre à recevoir les alimens, et à opérer la digestion. L'entrée de cette cavité est une bouche circulaire entourée de tentacules colorées, qui imitent ici les pétales des fleurs composées que l'actinie étale lorsqu'il fait beau, ou qu'elle a faim, mais qu'elle cache sous son enveloppe extérieure en les repliant sur sa bouche, et en se contractant comme on ferme une bourse, lorsqu'elle est à sec, que la mer est trouble, ou que le ciel est couvert.

Rien n'est d'ailleurs plus variable que la forme sous laquelle se présentent les *actinies*,

à cause de leur contractilité qui est très grande,
et à tel point qu'il leur arrive quelquefois,
quand la faim est poussée trop loin, d'ouvrir
tout-à-fait leur bouche, et de retourner leur
estomac, de manière à le rendre convexe de
concave qu'il était auparavant.

Leur structure intime est encore peu connue ; le docteur Spix, naturaliste bavarois, a
cru voir que le sac alimentaire de ces animaux est entouré de muscles aplatis, longitudinaux, et parallèles, qu'il y a en outre, dans
la partie inférieure et élargie du corps, quelques ganglions nerveux; mais ces observations
ont besoin, avant de pouvoir être adoptées,
d'être de nouveau vérifiées par les naturalistes.

D'après Dicquemare et Réaumur, la multiplication des *actinies* s'opère de deux manières, comme celle des *hydres*, par génération
ordinaire et par division. Dans le premier
cas, de petites gemmes se détachent et sortent
de l'intérieur de l'animal, soit par un déchi-
rement spontané des ligamens de la base, soit
que les petites *actinies* passent de l'ovaire dans
l'estomac, et sortent par la bouche. Dans le
second, l'actinie peut être divisée par un instrument tranchant, et les morceaux ne tardent

pas à se régénérer et à former des actinies complètes.

Les *actinies* se nourrissent de toutes sortes d'animaux, et particulièrement de crabes, de coquilles et de petits poissons ; elles les saisissent avec leurs tentacules, les gardent dans l'intérieur de leur corps pendant dix ou douze heures, et rejettent ensuite, par la même ouverture, les parties solides qu'elles n'ont pu digérer. Elles sont sensibles à la lumière, au son et aux odeurs ; un trop grand éclat les incommode, le bruit les effarouche, l'eau douce les fait mourir. Elles peuvent se déplacer en se laissant flotter au gré des vagues, en rampant peu à peu sur leur base, ou bien en se renversant et en se servant de leurs tentacules en guise de pieds. Lorsqu'elles trouvent une place convenable, elles s'y fixent et s'y attachent avec tant de force, qu'on les déchire souvent en voulant les en arracher.

Les *actinies* n'ont aucune qualité malfaisante : on les mange dans plusieurs pays, et les habitans des côtes de la Provence font beaucoup de cas d'une espèce nommée *rastegna* ; elles ont un goût et une odeur assez analogue à celui des crabes et des crevettes.

Les espèces connues sont :

L'*actinie coriace*, ayant à peu près trois

pouces de largeur, et qui tire son nom de la dureté de son enveloppe. Celle-ci offre une surface inégale et de couleur orangée. Les tentacules sont placées sur deux rangs, leur longueur est médiocre, elles sont ordinairement marquées d'un anneau rose. Cette *actinie* se tient principalement dans le sable où elle s'enfonce pour peu qu'on l'effraie.

L'*actinie pourpre*, dont la peau est douce et finement striée; sa couleur est ordinairement d'un beau pourpre tacheté de vert. Elle est plus petite que la précédente, et ses tentacules sont plus longues et plus nombreuses. Elle couvre tous les rochers de nos côtes de la Manche, et les orne comme s'ils portaient les plus belles fleurs.

L'*actinie blanche*, appelée aussi *actinie à plumes*, la plus grande espèce de nos mers. Elle a de cinq à six pouces de largeur ; les bords de sa bouche s'épanouissent en lobes, tous chargés d'innombrables tentacules pointues et serrées, de sorte que l'animal ressemble à un énorme œillet blanc.

L'*actinie brune*. Celle-ci est d'un brun clair, rayé en long, blanchâtre; sa forme est alongée, souvent plus étroite vers le bas, à peau lisse, à tentacules nombreuses. Quand elle se contracte, il lui sort souvent par la bouche de longs filamens qui viennent de ses ovaires. Elle s'attache de préférence sur les coquilles, et est extrêmement commune dans la Méditerranée.

LES LUCERNAIRES.

Ce sont en quelque sorte des étoiles formées d'une chair gélatineuse, et divisées en quatre, sept ou huit rayons, selon les espèces. La bouche de l'animal est au centre de ces rayons, elle est ordinairement tournée en bas, et le corps se trouve au contraire de l'autre côté de l'étoile à laquelle il fait suite ; il est dirigé en haut, s'amincit peu à peu, et se termine par une petite ventouse ou suçoir qui sert à fixer la *lucernaire* aux corps marins, où elle reste ainsi suspendue la tête en bas attendant sa proie. On voit, en outre, à l'extrémité de chacun des rayons dont il vient d'être question, des tentacules nombreuses, très-courtes, mais que l'animal peut alonger ou replier à son gré, et qui paraissent disposées en faisceau; leur sommet est terminé par un petit globule qui fait aussi l'office de ventouse, et la *lucernaire* s'en sert pour saisir sa proie en y fixant ce globule, et en repliant ensuite les rayons vers sa bouche. L'estomac qui est contenu dans le corps qui s'élève verticalement, se prolonge jusqu'à l'extrémité des rayons en formant comme autant de petits intestins.

Les *lucernaires* se nourrissaient d'hydres, de monocles ou de cloportes marins; elles sont au nombre de ces animaux qui répandent, la nuit, des lueurs phosphoriques dans les mers qu'ils habitent. On en connait deux espèces, la *lucernaire à quatre rayons*, et la *lucernaire à huit rayons*.

OBSERVATIONS GÉNÉRALES SUR LES POLYPES.

Les anciens appelaient *polype* ou animal à plusieurs pieds les *poulpes*, animaux marins qui, en effet, ont autour de leur tête un grand nombre d'appendices charnus destinés à leurs mouvemens, ou à saisir leur proie. C'est de la ressemblance qu'on a trouvée entre ceux-ci et les tentacules des animaux dont nous venons d'écrire l'histoire, qu'on leur a donné le nom de *polypes*, et que ce caractère constant chez tous a servi à distinguer leur classe.

Ce groupe, l'un des plus curieux du règne animal, et l'un des plus nombreux et des plus diversifiés en espèces, se compose d'animaux extrêmement simples. C'est uniquement un sac conique ou cylindrique vivant; un estomac isolé qui flotte au sein des eaux , opérant le premier acte de la vie animale , la *digestion* , ou dissolution des substances étrangères qui sont ensuite transformées par un mystère impénétrable, en la substance même de l'individu qui s'en nourrit; ce second acte se nomme *nutrition*. La digestion dissout donc et prépare dans un sac appelé *estomac*, des sucs nutritifs qui sont absorbés et transformés dans l'intérieur même du tissu qui compose l'animal. Ce tissu est mobile , composé d'une sorte de glaire remplie de petits grains ou *globules* transparens , qu'on ne peut voir qu'au microscope, mais qui peuvent dans certains cas, se rapprocher et raccourcir par conséquent, ou diminuer le volume de l'animal. Ce phénomène a reçu particulièrement le nom de *contraction ;* il suit toujours quelque cause d'irritation qui prouve que l'animal a eu conscience d'une impression ; il se trouve lié au phénomène de la *sensibilité,* dont ces animaux semblent être pourvus, puisqu'ils ressentent les effets des mouvemens de l'eau, de la lumière et des sons.

La *nutrition* est la condition indispensable à toute existence organisée, elle est nécessaire aux plantes comme aux animaux , mais les conditions de son exercice sont bien différentes

dans les uns et dans les autres. Dans les plantes, c'est la surface des feuilles et l'extrémité
des racines qui absorbent dans l'air ou dans
le sol les élémens de leur nourriture. Chez
les animaux, au contraire, tout se passe pour
ainsi dire en vase-clos, et dans l'intérieur
même de l'individu. Quelques êtres semble-
raient faire exception à la règle, puisqu'on
suppose que beaucoup de *microscopiques*
n'ont pas d'estomac, et se nourrissent par l'absorption immédiate de l'eau à la surface de leur
peau; mais peut-être ce sujet n'est-il pas encore assez éclairé; les expériences de M. *Eh-
remberg* qui trouve la monade même creusée
d'une cavité et pourvue d'une bouche, sem-
bleraient déposer en faveur de cette manière
de voir. Les bras ou tentacules ne sont que
les accessoires de la nutrition, en ce qu'ils
servent à retenir l'aliment, et de la locomotion en faisant quelquefois l'office des pieds
ou des bras propres à aider l'animal dans ses
déplacemens.

Une fois la vie individuelle assurée, il semble
qu'elle soit en quelque façon suivie d'une sorte
d'excès à certaines époques de l'année, et de
cette exhubérance qui a besoin de s'épancher
au dehors, résulte la propagation des individus et la perpétuité des espèces; celle-ci est

très puissante dans les polypes et dans les infusoires qui ont beaucoup de rapports avec
eux. Elle a toujours lieu soit par scission, soit
par gemmation aux dépens de l'individu qui
perd alors une partie de sa propre substance.

Ainsi : un corps gélatineux transparent ,
alongé , contractile , creusé d'une cavité alimentaire, une bouche terminale entourée de
tentacules , reproduction par bourgeons ou
par scission, souvent existence commune par
l'adhérence des individus les uns aux autres;
voilà les traits principaux qui peuvent caractériser la classe des *polypes*.

Le nombre et la variété de ces animaux, en
même temps qu'ils étaient un obstacle à leur
classement, le nécessitaient néanmoins , afin
de mettre quelque ordre dans leur étude. Lamouroux , un des auteurs modernes qui se
sont le plus occupés de ce sujet, a fait une
classification simple et généralement estimée
dont nous adoptons de préférence les bases
dans le tableau suivant, qui est le résumé de
l'exposition que nous avons faite des *polypes*.

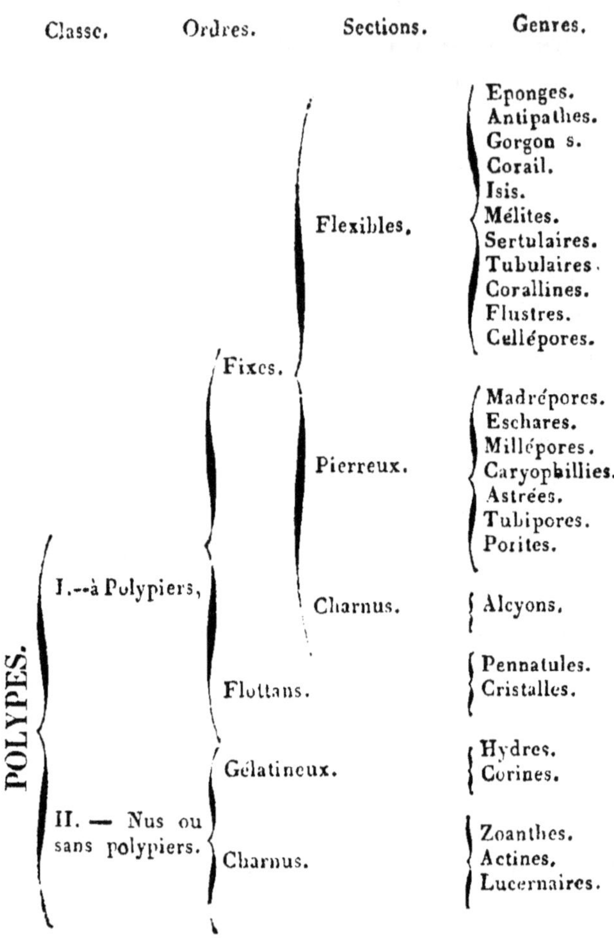

L'ordre des *polypes à polypiers* forme un groupe très grand et très naturel , qui comprend une énorme quantité d'animaux divers, liés entre eux cependant par la plus grande analogie. Ici, il est vrai, la classification semble s'éloigner de la règle qu'elle doit suivre, c'est-à-dire, de prendre toujours pour base l'organisation de l'animal lui-même, mais ce n'est guère qu'en apparence, car rien ne démontre qu'un polypier soit une substance inorganique ; elle serait plutôt une partie de l'animal sécrétée par lui à la manière des os et qui lui servirait de squelette, et ce polypier, varié comme les races qui le produisent, nous montre les rapports que ces races peuvent avoir entre elles.

Tous les genres n'ont pu trouver place ici, par ce double motif qu'ils peuvent rentrer le plus souvent dans d'autres genres connus, qu'ils varient selon chaque auteur et que leur détermination et leur nomenclature fort arbitraires, pourraient être une surcharge pour l'esprit sans un grand profit pour la science.

Dans la section des *polypiers flexibles* tous formés à leur centre d'un axe de matière cornée, on pourrait ajouter quelques genres de plus, tels que les *antennulaires*, les *plumulaires*, les *cellaires*, les *acétabules*, etc., tous caractérisés par quelques variétés de formes.

Parmi les *polypiers pierreux* on peut joindre d'autres genres diversifiés, soit par l'aspect de l'ensemble du polypier, soit par la disposition ou la forme particulière des cellules; tels sont les *fungies* , les *agaricies* en forme de champignons, les *méandrines*, en masses creusées de sillons percées au fond par les cellules des polypes, les *astrées* en lames parsemées de cellules en étoiles; les *porites* en rameaux, mais aussi parsemées d'étoiles, les *oculines* diffèrent des caryophyllies, en ce qu'il y a des étoiles latérales outre celles qui sont terminales.

Enfin, quelques auteurs donnnent sous le nom de *pédicellaires* un genre fort douteux de polypes, que l'on trouve entre les épines des oursins, et que d'autres ont cru devoir regarder comme des organes appartenant à ces animaux , c'est une sorte de petit cornet, garni de tentacules en forme de feuilles et fixé par son extrémité pointue à une longue tige fort mince.

Ce que nous avons appris de la force de reproduction de ces animaux , ne nous permettra point de nous étonner quand nous viendrons à voir leur inconcevable multiplicité dans les climats chauds. Aussi, la place qu'ils tiennent dans la nature est-elle immense et vraisemblablement de beaucoup supérieure à celle de tous les autres animaux réunis. C'est principalement aux générations successivement entassées des polypes, à polypiers pierreux, que sont dus ces bancs de craie et ces montagnes calcaires, qu'on trouve en si grande quantité sur toute la surface du globe. Ces êtres inférieurs modifient sans cesse l'aspect des côtes et des mers et ils influent puissamment sur la forme de la terre.

Elégans dans leurs formes, ils embellissent la nature d'une sorte de végétation, qui fit long-temps regarder cette nombreuse suite d'espèces comme des plantes marines. Le zoologiste peut aussi dans ses recherches éprouver le même charme que le botaniste à l'aspect des riches côteaux et des plus riantes contrées. « Devant la ville d'Agayna, capitale de l'île de Guam et de toutes les Mariannes, disent MM. Quoy et Gaymard, dans un voyage aux contrées équatoriales, est un rescif très étendu, en dedans duquel le peu de profondeur et la tranquillité de l'eau, ont permis à ces animaux de multiplier paisiblement. Chaque fois que la marée était basse dans le jour, avant que la brise se fît sentir, et vînt rider la surface des ondes, c'était là que nous nous rendions tout habillés, munis d'instrumens et de vases, pour extraire et recevoir les polypiers. Nous parcourions avec ravissement cette solitude sous-marine, semblable à un parterre orné de fleurs les plus belles et les plus variées ; mais, il faut le dire, les végétaux n'atteignent point à ce velouté si doux, si suave, sur lequel le regard se fixe long-temps sans se fatiguer. Outre l'objet qui nous attirait, ces dédales enchantés, disent-ils, offraient à notre vue une sorte de microcosme peuplé de petits poissons, de coquilles, de crustacés, de vers, enfin d'êtres de toute espèce, qui y trouvaient l'existence et l'abri. »

Les polypiers sont fixés sur les corps marins par une sorte d'empâtement qu'on a considéré comme des racines. Mais elles n'en ont que l'apparence ; ces fausses racines ne sont point organisées, ne sont nullement perforées, et ne poussent aucun suc pour le transmettre dans l'intérieur du polypier. Ce ne sont que les premiers dépôts des matières qui transsudent des polypes nouvellement tombés sur des corps étrangers ; dépôts d'abord étalés en expansions crustacées qui se fixent, mais qui, bientôt après, par le rapprochement et la rencontre des nouveaux polypes générés par les premiers, se réunissent en un ou plusieurs troncs sur lesquels les polypes vivent en commun , et se multiplient les uns les autres.

Depuis l'éponge, dont l'animalité est si douteuse, jusqu'à l'hydre, nous avons vu la plus grande analogie régner dans la forme des polypes ; mais arrivés là sur les confins de leur classe, et obligés d'en venir à une classe nouvelle, nous rencontrons les *zoanthes*, les *actinies* et les *lucernaires*, genres douteux que les auteurs classent différemment et que Cuvier lui-même avait rangés d'abord dans la classe suivante, celle des *acalèphes*, sous le nom d'*orties de mer fixes*, et plus tard enfin parmi les polypes.

7*

CHAPITRE III.

CLASSE DES ACALÈPHES OU ORTIES DE MER.

§ 1er *Acalèphes hydrostatiques.* (1)

LES DIPHIES.

Cuvier a désigné sous ce nom, un genre d'animaux fort singulier, où deux individus différens sont toujours ensemble, l'un s'emboîtant dans un creux de l'autre, ce qui permet cependant de les séparer sans détruire leur vie propre. Ce sont deux corps transparens, de substance ferme, et de forme pyramidale, dont l'un est en partie introduit par

(1) Hydrostatiques, ou se tenant sur l'eau.

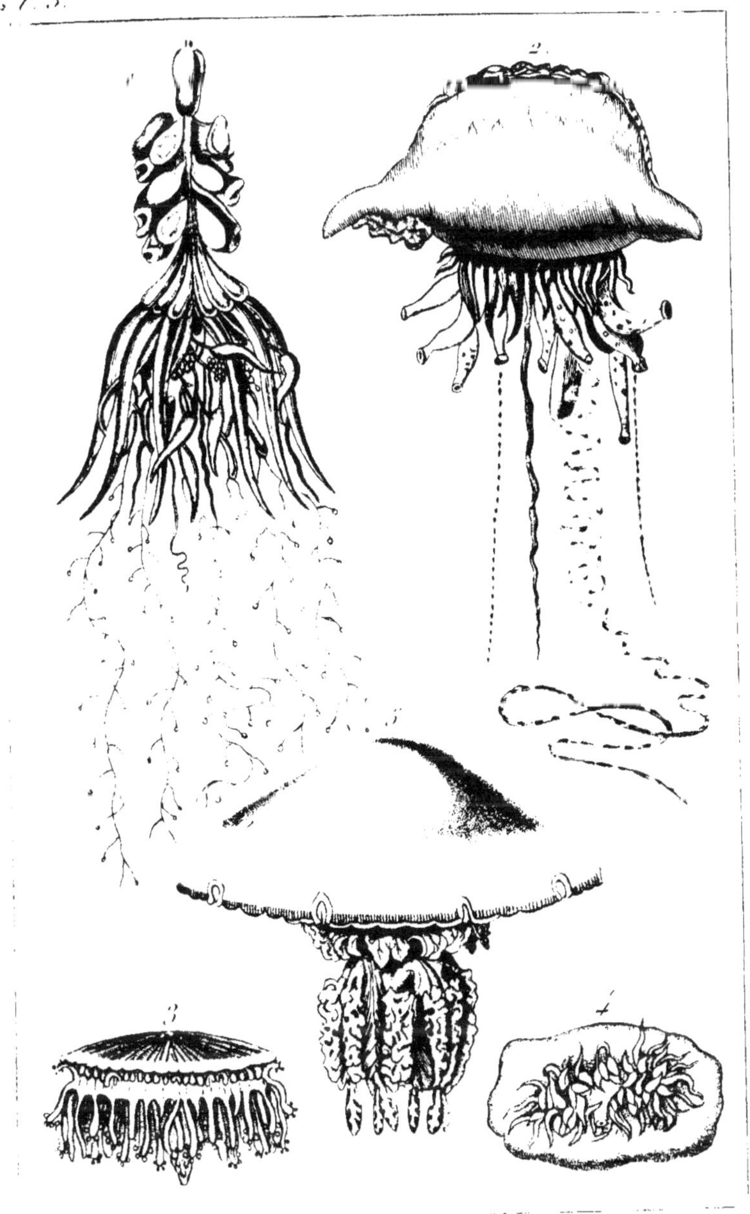

ACALÉPHES.

sa pointe dans le côté large de l'autre, comme
on pourrait le faire avec deux cornets qu'on
emboîterait mutuellement. Il y a donc deux
animaux à peu près pareils, l'un emboîtant,
l'autre emboîté, mais avec cette particularité,
que du fond de la cavité du dernier, sort une
espèce de grappe ou de chapelet, qui semble
composé d'ovaires, de tentacules et de suçoirs,
et qui traverse l'animal emboîté, pour venir
pendre au dehors.

Ces animaux ont été trouvés dans la mer
Atlantique, ils forment plusieurs espèces qui
diffèrent en ce que l'emboîtant et l'emboîté
ont entre eux plus ou moins de dissemblances
et des formes très variables.

LES PHYSSOPHORES.

Ce sont des espèces de pèse-liqueurs vivans qui se tiennent à la surface de l'eau, à
cause de l'air qui est renfermé dans leur intérieur. Leur corps est alongé, gélatineux et
terminé en haut par une petite vessie remplie
d'air, qui le soutient dans une position toujours verticale. Le long de ce corps et sur les
côtés, sont encore de petites vessies aériennes,
irrégulières et disposées comme une sorte de

grappe. En bas le corps du *physsophore* est percé d'une bouche entourée d'appendices dilatés en lobes ou en forme de feuilles alongées et pointues. Enfin, au-dessous s'étale en gerbe ou en guirlande un nombre variable de filets tentaculaires de toutes formes. La vessie terminale remplie d'air, appelée aussi vessie hydrostatique, ne serait, selon M. de Blainville, qu'un renflement du canal intestinal. On prétend que les *physsophores* ont la faculté de chasser l'air de cette vessie terminale, lorsqu'ils veulent s'enfoncer dans les eaux, et qu'ils peuvent la remplir d'air, dès qu'ils veulent flotter à la surface. Du reste, leur organisation est peu connue.

On en connait deux espèces, le *physsophore hydrostatique* et le *physsophore muzonème*.

LES PHYSALES.

Ces animaux diffèrent d'abord des précédens en ce qu'ils sont formés d'une vessie incomparablement plus grande. Sur le dos de cette vessie s'élève à volonté une crête en forme de voile épaisse et festonnée, et au-dessous du ventre sont suspendues comme

dans les physsophores un grand nombre de
productions cylindriques, charnues, termi
nées diversement, et dont quelques-unes portent des groupes plus ou moins nombreux de
petits filamens. Parmi ces productions, il en
est de plus courtes, plus épaisses, paraissant
terminées en suçoirs ; d'autres sont longues,
en forme de fils, comme ponctuées par la diversité de leurs couleurs locales ; car elles sont
vivement colorées de différentes manières, et
il y en a de rouges, de violettes, et d'un très
beau bleu. La crête dorsale est aussi vivement et agréablement variée dans ses couleurs. C'est sans doute de l'emploi de cette
crête que l'animal étale comme une voile,
lorsqu'il nage à la surface de la mer, que les
navigateurs lui ont donné le nom de *petite
galère*, de *frégate* ou de *vaisseau de guerre*.
La grosseur de la vessie aérienne l'a fait nommer aussi, *vessie de mer*, enfin la sensation
brûlante qu'il fait éprouver lorsqu'on le touche
l'a fait désigner du nom d'*ortie de mer*.

Selon M. Tilésius, un des naturalistes qui
se sont le plus occupés de ces animaux, toutes
les *physales* consistent en une longue vessie
fibro-musculaire, gonflée d'air, flottante sur
l'eau, ayant au-dessus une espèce de membrane
qui tient lieu de voile, et au-dessous de longs

tentacules qui constituent à la fois la bouche
et le gouvernail. On voit une première sorte
de ces tentacules en forme d'intestins, d'un
bleu foncé, parsemé de points bruns, suspendus au-dessous jusqu'au milieu du ventre de l'animal, et s'étendant en une sorte
d'entortillement spiral à une grande profondeur dans la mer. Ils sont parsemés de cercles réguliers et de cellules renflées, et doués
de la faculté de se rétracter fortement jusqu'à
leur racine en se rassemblant en un seul faisceau. Ceux de la seconde espèce sont plus
serrés à leur racine et à tel point qu'on ne
peut les compter. Ils sont aussi fort longs, et
pourvus d'une espèce de bande frangée de
couleur rouge qui, de la racine, se perd en
une espèce de tronc. La troisième sorte est
constituée par des tentacules courts, cylindriques, attachés dix ou douze à la fois à une tige
commune. Iis forment la plus grande partie de
la masse tentaculaire, et leur usage paraît
être d'attirer et de prendre tout ce qui a pu
échapper aux suçoirs uniques des longs tentacules : on observe un très grand nombre de
fibres circulaires dans leur structure, de sorte
qu'ils peuvent s'alonger et se raccourcir seulement fort peu, tandis qu'ils peuvent très
bien s'étendre et se tordre de tous côtés ; l'o-

rifice ou suçoir qui les termine, est fort grand, et de couleur jaune. La viscosité qui enveloppe les tentacules de la *physale*, et surtout ceux de couleur rouge, est excessivement brûlante et corrosive, sans qu'on puisse apercevoir, même à la loupe, aucun crochet ou aiguillon qui puisse produire cet effet.

M. Thilésius ajoute que ces animaux, quand ils sont bien vivans, sondent avec leur tentacules tous les corps qui peuvent se trouver avec eux sous l'eau, et que les suçoirs s'appliquent sur le bois, la pierre et même sur le verre et la porcelaine, et qu'ils y déposent de la mucosité qui leur transmet la propriété brûlante des tentacules eux-mêmes. Il a remarqué que les tentacules eux-mêmes pouvaient servir d'estomac et contenaient souvent des débris d'animaux qui avaient été digérés. Il admet que dans ces tentacules et près de leur origine, il en existe d'autres plus petits qui servent de suçoirs et pompent les sucs nourriciers pour les porter dans toutes les parties du corps afin d'y opérer la nutrition.

Les physales flottent ordinairement en pleine mer, et l'on assure que si elles s'approchent des côtes, elles présagent une tempête prochaine. Du reste, ces *galères animales* voguent sur l'eau quand le temps est beau et calme, ne s'enfoncent que lorsqu'il devient mauvais, et se retiennent aux corps marins au moyen de leurs tentacules terminés en suçoir.

Si l'on marche dessus lorsque l'animal est à terre, il se crève et produit une petite explosion semblable à celle d'une vessie de carpe que l'on écrase avec le pied.

§ 2. — *Acalèphes simples.*

LES VÉLELLES.

Leur corps a la forme ovale ; il est gélatineux extérieurement, plus ferme et comme cartilagineux à l'intérieur. Sur la face supérieure ou le dos, s'élève fixée au cartilage intérieur, une crête verticale posée obliquement et assez élevée. Le cartilage est transparent, et semble formé de cercles concentriques dont on voit les traces. En dessous le corps des *vélelles* est aplati, et au centre de cette face inférieure on observe la bouche en forme de trompe, entourée d'innombrables tentacules dont la masse se dirige obliquement dans le sens de la crête verticale. Les *vélelles* voguent à la surface de la mer, lorsqu'elle est calme, et se tiennent toujours à une assez grande distance des côtes. Elles nagent au moyen de leur crête en ramant avec les tentacules les plus extérieurs ; elles s'en servent également pour se mouvoir et pour saisir leur nourriture.

Les *vélelles* sont phosphoriques, brillent la nuit dans les eaux comme des lumières, et causent des démangeaisons lorsqu'on les touche. On les trouve dans toutes les mers des pays chauds et dans la Méditerranée souvent par millers, mais toujours en haute mer, à moins qu'elles n'aient été entrainées par les vents ou par les courans. On dit que les matelots les mangent frites.

LES PORPITES.

Ici se trouve encore un cartilage intérieur ferme et transparent; mais il est entièrement rond, et outre les stries circulaires et concentriques qu'on observe sur celui des vélelles, les *porpites* offrent des stries en rayons allant du centre à la circonférence; c'est comme une ombrelle ou un chapeau recouvert d'une simple membrane et au-dessous duquel est la bouche de l'animal formée en trompe ou en suçoir comme celle des *vélelles*, et qui s'ouvre et se ferme presque continuellement par des mouvemens alternatifs de dilatation et de contraction ; cette face inférieure est garnie d'un très grand nombre de tentacules dont les extérieurs sont plus longs et munis de petits cils terminés chacun par un globule. La bouche conduit à un estomac entouré d'une substance comme glanduleuse.

On trouve les porpites en haute mer, à la superficie de l'eau, dans les pays chauds et dans la Méditerranée en abondance. On les voit à la superficie comme des pièces de monnaie emportées par les eaux. On en connaît une espèce qui est d'un très beau bleu.

LES MÉDUSES.

Ce groupe d'animaux forme, selon beaucoup d'auteurs, à cause de son étendue, une véritable famille plutôt qu'un genre ; les êtres qui le composent sont des masses gélatineuses transparentes, assez semblables pour la forme à un champignon, et variant en grosseur depuis l'état microscopique, jusqu'à plusieurs pieds de diamètre. On les trouve abondamment dans toutes les mers, aussi n'est-il personne qui ne puisse en avoir rencontré laissés à sec sur le sable le long de nos côtes. Ces animaux se font remarquer encore par la propriété dont plusieurs jouissent, d'être très lumineux dans l'obscurité, ce qui les a fait appeler quelquefois *chandelles de mer*, et par la faculté qu'ils ont aussi de produire, lorsqu'on les touche, une vive démangeaison semblable à celle que produit le contact des orties.

Les *méduses* présentent donc, comme les champignons, une portion supérieure hémisphérique, qu'on appelle le *chapeau* ou l'*ombrelle* et au-dessous un appendice appelé *pédoncule*.

L'ombrelle est peu variable dans sa forme; elle est creusée d'une cavité qui est l'estomac, et porte souvent autour de sa circonférence des *tentacules* plus ou moins longs, creux dans leur longueur et aboutissant à un canal circulaire qui occupe le bord de l'ombrelle, et se ramifie jusqu'à l'estomac. Quelquefois on voit autour de petits organes particuliers très-bien espacés dont on ne connaît pas les usages et qu'on nomme *auricules*. Au-dessous de l'ombrelle et au centre, se trouve la bouche de l'animal, et autour de cette bouche naissent des appendices au nombre de quatre, qui se réunissent souvent pour former le pédoncule puis se divisent encore et forment ce qu'on nomme les *bras* des *méduses*. Quand les quatre appendices se réunissent ainsi au centre pour former le pédoncule, au-devant de la bouche, il en résulte que celle-ci a l'air d'être divisée en quatre parties; souvent il existe des cloisons intérieures qui semblent former plusieurs estomacs.

Les *méduses* peuvent quelquefois être colorées en roussâtre, en beau bleu d'outre mer, en verdâtre, et même à l'intérieur en très beau violet ou pourpre, mais le plus ordinairement elles sont transparentes comme le cristal le plus pur. Elles sont formées d'un tissu à mailles ou à cellules contenant une gelée, qui à la mort de l'animal se fond complètement en donnant de l'eau salée semblable à celle de la mer. Spallanzani, ayant retiré un individu du poids de 5o onces, le laissa se résoudre en eau, et il n'en resta qu'une partie membraneuse pesant quelques grains seulement. Leur peau n'en est point une véritable; elle est extrêmement mince, et n'est guère que la limite de leur tissu un peu condensée. On a observé qu'elle est garnie de petits grains, dont chacun parait formé lui-même de grains plus petits. Cette peau est l'organe de leurs sensations, qui sont fort bornées , car les *me- duses* paraissent peu s'apercevoir de la main qui les touche ; peut être les tentacules ou les bras possèdent-ils mieux le sens du toucher. Il paraît qu'on trouve dans leur ombrelle quelques rubans contractiles, ou *muscles* qui servent à leurs mouvemens de contraction et à leur locomotion, qui du reste est fort lente et annonce peu d'énergie ; c'est un mouvement continuel de resserrement, de dilatation qui opère un déplacement incessant, et qui a valu aussi à ces animaux le nom de *poumons de mer*.

Les *méduses* se nourrissent de vers, de mollusques, de petits poissons et de divers animaux. M. Cuvier pense cependant qu'elles se nourrissent en puisant leur nourriture dans le fluide ambiant , au moyen de leurs suçoirs. On ignore complètement la durée de leur vie.

Au printemps , les ovaires qui sont situés dans l'intérieur du corps , commencent à grossir, et l'été la reproduction s'opère , les œufs se détachent et les petites méduses sont rejetées en dehors du corps de leur mère. Les méduses ne peuvent se reproduire par scission ; on a tenté de couper quelques-unes de leurs parties, elles ont vécu ainsi mutilées; mais la portion détachée n'a pas produit un nouvel individu. Selon M. Gaïde cependant, qui a fait plusieurs expériences de ce genre, si l'on coupe une méduse en plusieurs morceaux, ceux qui contiennent un estomac, continuent de vivre.

Lorsque les *méduses* sont mortes et en état de putréfaction, elles sont toutes phosphorescentes, tandis qu'un petit nombre seulement jouit de cette propriété à l'état vivant. Ce qui produit la lueur phosphorique de ces animaux, c'est une humeur gluante particulière, qui sort de leur surface ; elle communique cette lumière à l'eau et à différens liquides. Selon les expériences de Spallanzani, une seule méduse, exprimée dans vingt-sept onces de lait de vache, le rendit si resplendissant, qu'on pouvait lire les caractères d'une lettre à un mètre de distance ; au bout d'onze heures, il conservait encore quelque lumière. Quand il l'eut tout-à-fait perdue, on la lui rendit en l'agitant, et enfin, lorsque ce moyen ne produisit plus d'effet, on en obtint encore par la chaleur, en ayant soin qu'elle ne fût pas trop forte. Quand l'animal est vivant, il communique au fluide dans lequel il est plongé la propriété phosphorique, mais moitié plus si c'est de l'eau douce, que si c'est de l'eau salée.

Les *méduses* présentent entre elles une si grande analogie, qu'on a dû en former un vaste groupe, ou famille sous le nom de *médusaires* ; mais aussi, elles offrent tant de particularités dans leurs formes, et leur nombre est si grand, qu'il a fallu distribuer leurs races en différens genres.

MM. *Lesueur* et *Péron*, considérant que tantôt ces animaux n'ont à leur disque inférieur, ni tentacules, ni pédoncules, ni bras, que d'autres ont des bras et des tentacules, que d'autres enfin sont pourvus d'un pédoncule, ont sur l'emploi diversifié de ces considérations, établi vingt-neuf genres dans la famille des *médusaires*.

Lamark réduit ce nombre de moitié ; et sur la considération des tentacules, de la division de l'extrémité, ou de la naissance du pédoncule, ou du nombre des bouches, il établit treize genres.

Voici les divisions adoptées par Cuvier.

1° *Méduses à bouche centrale.*

LES ÉQUORÉES.

Toutes celles dont la bouche est simple et non prolongée, ni garnie de bras.

LES PÉLAGIES.

Celles où la bouche se prolonge en pédoncule, ou se divise en bras.

LES CYANÉES.

Toutes les méduses à bouche centrale et à quatre ovaires latéraux.

LES RHISOSTOMES.

Ayant au milieu un pédicule plus ou moins ramifié, selon les espèces.

2 *Méduses n'ayant pas la bouche centrale.*

LES ASTOMES.

Les unes, ayant un pédicule garni de chaque côté de filamens chevelus servant de suçoirs; d'autres, une membrane en entonnoir au fond de ce pédicule. Enfin, il y en a sans pédicule, mais dont le dessous paraît garni de petits suçoirs, et d'autres où l'on n'aperçoit pas même de suçoirs, mais où les deux faces sont lisses et sans organes apparens.

LES BÉROÉS.

Corps ovales ou globuleux, garnis de côtes saillantes, hérissées de filamens en dentelles. La bouche est à une extrémité.

LE CESTE.

Très long ruban gélatineux , dont l'un des bords est garni d'un double rang de cils ; l'inférieur en a aussi, mais plus petits et moins nombreux. C'est au milieu du bord inférieur qu'est la bouche , large ouverture , qui donne dans un estomac percé au travers de la largeur du ruban. On a appelé aussi le *ceste de Vénus*, cette espèce, la seule connue.

GÉNÉRALITÉS SUR LES ACALÈPHES.

Les *orties de mer*, dont plusieurs espèces étaient déjà connues par les Grecs, qui les nommaient aussi *acaléphé* ou orties, produisent toutes, quand on les touche, une cuisson semblable à celle que fait éprouver le contact des orties; mais il s'en faut que cette propriété, qui semble les distinguer, soit caractéristique de cette classe d'animaux ; elle s'observe aussi dans plusieurs polypiers, dont l'humeur glaireuse produit un sentiment de brûlure semblable à celui des *acalèphes*. La simplicité de leur structure et la forme circulaire et rayonnante de ces animaux les rapprochent encore beaucoup des *polypes*, dont ils semblent n'être que les grossissemens.

Ici, sont des masses sans consistance, mollasses et transparentes, percées d'une cavité simple ou multiple, environnée plus ou moins de bras ou *tentacules*, creux, pour la plupart, comme le sont ceux des polypes. Peut-être, en un mot, y a-t-il de bien grands rapprochemens à faire entre ces deux classes d'animaux, mais l'extrême petitesse des premiers ne permet pas assez de pénétrer leur structure. Toujours est-il évident que les *acalèphes* ont déjà un avantage apparent sur l'organisation des polypes : si en quelques points on aperçoit encore des globules, la masse entière n'en est pas formée ; ceux-ci semblent s'être rapprochés en lames extrêmement délicates, comparables à celles de ces amas de bulles, produits par l'écume des eaux savonneuses, et dans les cellules formées par ces lames sont contenus des liquides. A cause de cette disposition, ce tissu a reçu le nom de *tissu cellulaire*.

Celui-ci joue un rôle important dans l'organisation; il se retrouve chez tous les êtres, comme nous le verrons plus tard, et forme, pour ainsi dire, la trame de tout corps organisé.

Vers la surface de l'animal, ce même tissu semble avoir acquis un peu plus de densité par son contact avec les milieux environnans; il devient la *peau* de l'animal.

Enfin, on le voit encore se rapprocher en *membranes*, ou sortes de pellicules plus ou

moins épaisses , telles qu'on les observe dans
les vessies aériennes des *physsophores* et des
physales.

Les naturalistes sont peu d'accord sur la
manière dont s'opère la digestion dans les
acalèphes. La plupart ont pensé que les alimens étaient introduits dans la cavité alimentaire centrale ou l'estomac; d'autres, et parmi
ceux-ci Cuvier, supposent que le hasard seul
a pu amener quelques mollusques ou quelques poissons dans ces cavités toujours
béantes, mais que c'est dans l'intérieur même
des suçoirs que l'aliment est ingéré , et que
s'opère la digestion.

Leur génération a lieu par des gemmules
ou petits œufs réunis en masse et en un seul
corps appelé ovaire; ces œufs se détachent pour
former de nouveaux individus dans la saison
favorable.

En général l'organisation des *acalèphes* est
peu connue; les espèces *hydrostatiques* ont
des formes si bizarres et si spéciales, qu'on est
étonné de les voir rapprochés dans une
même classe avec les méduses; peut-être aussi,
comme le pense Cuvier, en fera-t-on un jour
une classe à part, quand elles seront mieux
connues.

On peut du reste aujourd'hui résumer la

classification des *acalèphes*, telle qu'elle est adoptée, par le tableau suivant.

Classe.	Ordres.	Genres.
Acalèphes.	Hydrostatiques.	Diphies. Physsophores. Physales.
	Simples.	Vélelles. Porpites. Méduses.

CHAPITRE IV.

CLASSE DES ECHINODERMES.

----

§ 1er. — *Echinodermes sans pieds.*

LES SIPONCLES.

Dans le sable de la mer et à peu de distance
des côtes, on trouve un animal semblable à
une sorte de ver, et que les pêcheurs emploient comme appât : son corps est cylindrique et alongé, un peu renflé vers la tête
et aminci vers la queue, sa bouche est alongée
en forme de trompe sortant et rentrant à
volonté, sa peau est épaisse et ridée dans les
deux sens ; c'est là ce qu'on nomme le
siponcle.

Si l'on veut étudier son organisation intérieure, on trouve d'abord un tube intestinal

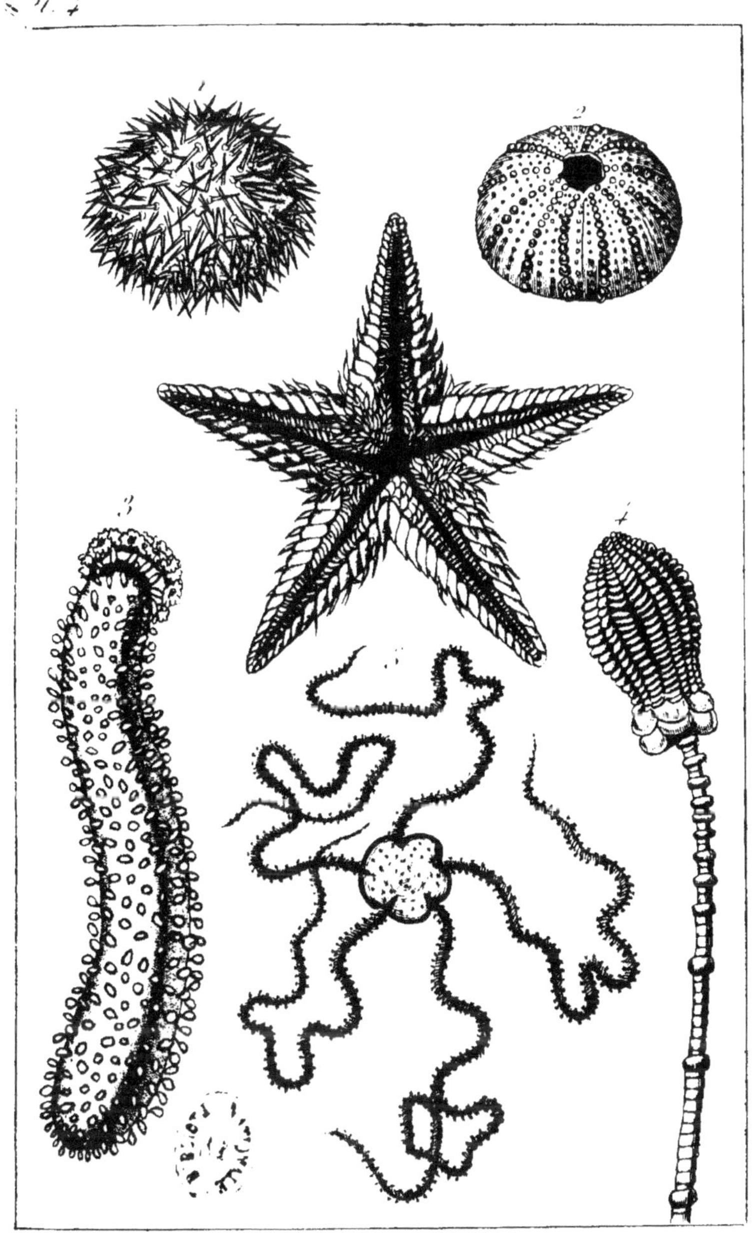

Daresne Sc.

se portant directement du sommet de la trompe à l'extrémité opposée du corps ; puis cet intestin revient sur lui-même en se contournant en spirale autour de sa première partie, et se termine par un anus percé en avant du même côté que la bouche. Une dissection plus attentive fait bientôt découvrir sur les côtés de la trompe et se prolongeant dans l'intérieur du corps, de grands *muscles* ou faisceaux de fibres susceptibles de se relâcher ou de se contracter, de manière à faire saillir ou rentrer cette trompe. Quelques vaisseaux semblent se porter vers la peau, et le long d'un des côtés on découvre un petit filet dont on ignore les usages, mais qui paraît cependant être un petit *nerf* encore mal dessiné.

On ne trouve généralement dans le tube digestif des *siponcles*, comme résidu de leur digestion, que du sable ou quelques fragmens de coquilles. Leurs espèces sont peu nombreuses; l'une d'elles est formée d'individus fort petits qui malgré leur délicatesse percent les pierres sous-marines pour se loger dans leur cavité; d'autres vivent dans le sable, où les Chinois qui habitent Java, vont les chercher au moyen de bambous préparés, pour en faire leur nourriture.

LES PRIAPULES.

Les *priapules* sont de forme cylindrique un peu renflée en massue en avant. Le corps est annelé transversalement; à la partie antérieure seulement se trouvent quelques rides en longueur; il est très rétractile et contient beaucoup de fibres musculaires. La bouche, située au milieu du renflement antérieur, est garnie à l'intérieur d'un grand nombre de dents de substance cornée, très aiguës; l'intestin va droit de la bouche à l'anus. La seule espèce connue habite les mers du Nord.

LES MINIADES.

Ce genre, établi par Cuvier, est caractérisé par un corps sans pieds ouvert aux deux bouts; mais sa forme est celle d'un sphéroïde déprimé aux pôles, et sillonné comme un melon. On ne trouve point, comme aux précédens, une armure dans l'intérieur de la bouche. On en trouve une fort belle espèce d'un bleu foncé dans la mer Atlantique.

LES MOLPADIES.

Autre genre du même auteur, présentant un corps coriace en forme de gros cylindre, ouvert aussi aux deux bouts, sans pieds, la bouche sans tentacules, garnie d'un appareil de pièces osseuses peu compliqué.

---

§ 2ᵉ. — *Echinodermes pédicellés.*

LES HOLOTURIES.

Les Holoturies des mers équatoriales sont assez rares dans nos collections d'histoire naturelle, parce qu'il est difficile non-seulement de les conserver, mais même de se les procurer. En effet, on ne les trouve guère qu'à près de cent mètres de profondeur dans les mers où elles se cachent dans les fonds vaseux ou dans les anfractuosités des rochers. Leurs espèces sont du reste nombreuses dans les régions froides et tempérées de l'Europe. L'animal a le corps oblong, sa peau est coriace, en avant se trouve un creuset, une sorte d'entonnoir au fond duquel est la bouche. Celle-ci n'a point de dents, mais elle est garnie d'un cercle de pièces osseuses; à l'extérieur se trouvent aussi, tout autour de la bouche, de nombreux tentacules fort singuliers, ramifiés, se divisant et se subdivisant plusieurs fois en branches et en ramifications blanchâtres. Des appendices en forme de poches versent quelque salive dans cette bouche, puis de là part un tube digestif fort long, replié plusieurs fois et attaché au corps par une sorte de membrane transparente fort mince qu'on nomme *mésentère*. Enfin le tube intestinal se termine par une ouverture située à la partie postérieure du corps de l'animal.

Les Holoturies sont pourvues des deux sexes. L'*ovaire* est formé par un nombre extrêmement considérable de petits tubes qui, en se réunissant par faisceaux plus ou moins nombreux, finissent par aboutir à la bouche par un tube unique. A l'époque de la reproduction, ces *ovaires* prennent une extension prodigieuse, et se remplissent d'une matière rouge et grumelée, qui paraît être les *œufs*.

Autour de l'origine du tube digestif, se

trouve un petit cordon pulpeux et très délié qu'on suppose être nerveux.

Enfin la peau des Holoturies est formée d'une couche épaisse au-dessous de laquelle se trouve un plan de fibres musculaires très contractiles, qui fait que l'animal peut se resserrer sur lui-même avec tant de force qu'on l'a vu quelquefois, lorsqu'il était vivement inquiété, se déchirer et vomir ses intestins. Ces fibres musculaires sont disposées autour du corps en cinq doubles bandes étendues d'une extrémité à l'autre.

C'est dans les intervalles qui séparent ces bandes que se voient les pieds, ou tentacules rétractiles à l'intérieur, qui hérissent le corps de l'animal ; ils peuvent agir à la manière des ventouses et lui servent à absorber l'eau et à s'attacher aux corps sous-marins et à se mouvoir. Quoique dépourvues de nageoires , les *Holoturies* nagent avec assez de facilité. Elles se nourrissent d'animaux de tous genres , quelquefois d'une grosseur considérable ; elles paraissent douées aussi d'une grande faculté digestive. L'anus est une sorte de cloaque où aboutit l'organe de la respiration en forme d'arbre creux très ramifié qui se remplit ou se vide d'eau, au gré de l'animal.

Les auteurs varient beaucoup relativement au nombre d'espèces à admettre.

LES OURSINS.

Les *oursins* ont une forme sphérique plus ou moins régulière, hérissé e de piquans, assez semblable à celle d'un marron entouré de sa première enveloppe, ce qui leur a valu le nom de *hérissons de mer* ou de *châtaignes de mer*. On les trouve dans toutes les mers, ils sont par conséquent très connus, on les emploie même comme aliment. Ceux à qui cette nourriture ne répugne pas, les mangent avec des mouillettes à la manière des œufs de poule; leur goût a quelque chose de celui des écrevisses.

Une coque calcaire, souvent semblable à un petit melon, lorsqu'on a enlevé ses pointes, forme la charpente de l'oursin. Cette coque, examinée attentivement, n'est point unique, mais formée d'une multitude de pièces très exactement jointes comme un petit parquetage. Le tout est maintenu par une pellicule fort mince qui tapisse l'intérieur de la coque, et par une membrane extérieure enveloppante plus épaisse. Au-dessus la coque manque dans une certaine étendue, la sphère est complétée par les membranes seulement, et quelques pièces calcaires éparses ; au centre se trouve une petite ouverture qui est l'anus. La bouche est opposée, elle s'ouvre à la face inférieure de la coque.

A la surface extérieure de cette coque calcaire, l'on aperçoit comme dix côtes, ou bandes, se rendant de l'ouverture supérieure à l'inférieure, et laissant entre elles un nombre d'espaces égal. Ces côtes sont percées de pores qui communiquent à l'intérieur ; chacune est formée de plusieurs rangées longitudinales de trous tantôt droits, tantôt obliques. Par ces mêmes trous, l'animal fait sortir une infinité de petits tentacules charnus, rétractiles, susceptibles de s'alonger, et qu'il emploie à se mouvoir ou à se fixer. Sur cette même surface se trouvent disséminés avec plus ou moins de régularité, selon les espèces, des tubercules plus ou moins gros. C'est sur ces tubercules que viennent s'articuler, par une petite facette creuse, les épines calcaires qui hérissent la surface de l'*oursin*. Ces épines sont mobiles au gré de l'animal et servent à ses mouvemens conjointement avec les tentacules ou pieds qui sont situés entre elles.

L'entrée du tube digestif, nous l'avons vu,

est en dessous ; elle est garnie de cinq dents enchassées dans une charpente calcaire très compliquée, ressemblant à une lanterne à cinq pans, garnie de divers muscles et suspendue dans une grande ouverture du *test* ou coque extérieure. Ces dents, en forme de longs rubans, se durcissent vers leur racine à mesure qu'elles s'usent par leur pointe; trente pièces calcaires composent cette singulière mâchoire, qu'on a aussi désignée vulgairement sous le nom de *lanterne d'Aristote*. Là commence un tube intestinal fort long attaché en spirale aux parois intérieures du *test* par un *mésentère* semblable à celui des *holoturies* et qui va s'ouvrir au sommet de l'*oursin*. Tout autour on voît ramper quelques canaux ou *vaisseaux* qui aboutissent d'un côté à un canal plus gros situé au milieu , et de l'autre aux suçoirs tentaculaires de la circonférence. Ces vaisseaux semblent destinés à recevoir de l'eau pour la *respiration* de l'animal. Les oursins semblent aussi être pourvus d'un cœur et de quelques vaisseaux propres à la *circulation* de leurs fluides nourriciers , mais bien peu développés. Les filets nerveux ont également une existence toute rudimentaire.

Les ovaires de l'*oursin*, qui sont la partie mangeable de ces animaux, sont aussi très

apparens et au nombre de cinq; ils sont situés près de l'anus autour duquel ils aboutissent par autant d'ouvertures particulières.
Les œufs sont très gros, très nombreux et
irrégulièrement entassés.

L'oursin se nourrit de coquillages qu'il
saisit avec ses pieds. Il a deux procédés à
son service pour opérer sa marche. Le
premier s'effectue au moyen de ses tentacules; il les étend d'une manière quelquefois
étonnante, puis fait une succion par l'extrémité qui fait l'office de ventouse, et les attache
ainsi à quelque corps solide dans la direction
où il veut aller, puis il les contracte et attire
ainsi son corps vers cet endroit. On conçoit
que par une pareille manœuvre il puisse
avancer, quoique lentement. Dans le second
cas, il emploie ses piquans : alors il étend
ceux du côté où il veut aller le plus possible ;
puis il les abaisse, se poussant avec ceux du
côté opposé, et comme il en a dans toutes les
directions, il est évident qu'il peut marcher
dans tous les sens.

Les débris d'oursins sont assez communs,
sur les côtes, et surtout celles des pays chauds,
mais on les trouve rarement pourvus de leurs
piquans ; aussi cette circonstance a-t-elle été
un obstacle à la distinction des espèces qui

sont fort nombreuses. Lamarck en porte le nombre à trente environ, M. de Blainville en décrit jusqu'à soixante.

LES ENCRINES.

Les *encrines*, appelées aussi *animaux en forme de lys* et *crinoïdes*, sont des animaux à tiges rondes, ovales ou angulaires, composées de nombreuses articulations, ayant à leur sommet une série de lames ou de plaques réunies en un corps qui ressemble à une coupe contenant les viscères. Du bord supérieur de ce corps sortent cinq bras, divisés en tentacules plus ou moins nombreux, qui entourent l'ouverture de la bouche située au centre d'une peau écaillée qui enveloppe la masse des viscères. C'est par leur pied ou tige que les encrines se fixent et vivent. Cette espèce de colonne est le caractère générique de ces animaux. C'est une sorte de série de vertèbres empilées, qui sert de charpente solide à l'animal, de point d'attache et de soutien aux chairs. Cette disposition a d'ailleurs une grande analogie avec le test et les plaques des oursins.

La plupart de ces animaux ne se trouvent qu'à l'état de pétrification ; jusqu'à ce jour on n'a découvert à l'état frais que trois ou quatre individus provenant des mers d'Amérique.

LES ASTÉRIES.

Dans les auteurs, même les plus anciens, les *astéries*, ou les *étoiles de mer*, forment un groupe d'êtres fort distincts, par leur disposition rayonnante, au milieu de tous ceux qui peuvent s'en rapprocher, soit par leur organisation intérieure, soit par leur extérieur coriace ou calcaire. Néanmoins Lamarck les a divisées en quatre genres, distingués en *astéries* proprement dites, *comatules*, *euryales* et *ophiures*. Cuvier a adopté ces mêmes genres.

Les *étoiles de mer* que l'on voit si communément sur les plages, dans les ports de mer et dans toutes les collections d'histoire naturelle, sont assez connues quant à leur forme toujours composée de cinq rayons au centre desquels, et en dessous, est la bouche, ouverture unique, qui sert en même temps d'anus.

Une enveloppe calcaire forme ici la charpente du corps, ce sont de petites pièces osseuses, des rouelles ou disques pierreux, de plus en plus larges, qui partent de l'extrémité de chaque rayon et l'enveloppent ainsi jusqu'au point de réunion de tous les rayons. Il se forme donc pour chaque branche, une sorte de colonne composée de rouelles ou de vertèbres articulées les unes avec les autres, et desquelles partent des branches cartilagineuses qui soutiennent toute l'enveloppe extérieure. D'autres pièces osseuses auxquelles s'attachent souvent, comme aux *oursins*, des épines *mobiles*, garnissent dans beaucoup d'espèces les bords latéraux des branches. Ces rayons présentent en outre à leur surface et surtout à la face supérieure une multitude de tubes destinés à absorber et à rejeter l'eau, probablement pour l'acte de la respiration. En dessous chaque rayon est creusé d'une gouttière qui s'étend dans toute sa longueur et aboutit à la bouche placée au centre et dans laquelle sont percés un grand nombre de petits trous qui laissent passer les pieds de l'animal. Le reste de la surface inférieure est muni de petites épines mobiles. Avec un pareil système de locomotion, les *astéries* ne peuvent nager que difficilement et ne marchent qu'avec peine. Pour s'élever du fond de l'eau, elles grimpent contre les rochers, et quand elles veulent descendre, elles se laissent tomber sans faire le moindre mouvement.

A l'intérieur, on voit un grand estomac immédiatement sur la bouche, et qui se prolonge en deux intestins ramifiés dans chaque rayon, ils semblent être retenus par une sorte de mésentère. On trouve aussi des vaisseaux assez compliqués dont quelques-uns semblent destinés à transporter la matière nutritive dans toutes les parties du corps; certains se dirigent vers l'organe respiratoire, et se rapprochent ensuite du centre. Il y a aussi deux ovaires dans chaque rayon. Enfin Cuvier, dans ses leçons d'anatomie comparée, décrit leur système nerveux qui est formé d'une couronne de petites étoiles ou *ganglions* blanchâtres en nombre égal à celui des rayons unis par un petit filet de même substance qui complète ce cercle disposé autour de la bouche. De ces *ganglions* partent des filets nerveux qui se perdent dans les rayons de l'astérie.

Ces animaux paraissent être sensibles à la lumière, aux odeurs et au bruit, ils sont très voraces et se nourrissent de vers, de mollusques, jamais de plantes marines. Ils se plaisent sur le sable, sous les pierres, sur les rochers, s'attachent sur leurs pentes et aux voutes des grottes submergées.

Les astéries partagent, avec les animaux dont nous avons précédemment écrit l'histoire, la propriété de régénérer facilement les parties qui leur sont enlevées; on a pu leur ôter quatre rayons, le cinquième a suffi pour reproduire les autres.

Les habitans de la Normandie les emploient comme un engrais excellent pour fumer leurs terres, elles n'ont d'ailleurs jamais été utilisées comme aliment; bien plus, dans beaucoup de pays, on les regarde même comme vénéneuses et donnant quelquefois aux moules leurs qualités malfaisantes.

On distingue : l'*astérie vulgaire* ou *rougeâtre*, très commune sur nos côtes.

L'*astérie glaciale*, qui a souvent plus de quinze centimètres de rayon. Les épines qui revêtent le dessus de son corps sont entourées d'une foule de petits tubes charnus qui forment des coussins autour de leur base.

L'*astérie orangée*: la plus grande espèce connue ; les bords de ses branches sont garni de petites pièces enpavés, sur lesquelles s'articulent de fortes épines mobiles. Tout le dessus est couvert d'autres petites épines terminées en tête tronquée et hérissée.

Enfin, les *astéries* que Lamarck a séparées sous le nom d'*ophyures*, en en faisant un genre à part, comprennent toutes les espèces dont le corps est petit, aplati, en forme de disque, et dont les rayons, au nombre de cinq, sont alongés, grèles, non divisés, formés

de pièces solides , articulés et garnis d'écailles, qui fortifient et soutiennent les pièces
principales. Beaucoup d'*ophyures* ont sur les
côtés de leurs rayons des pointes analogues à
celles des oursins. Ici on ne trouve jamais à
la face inférieure des rayons la gouttière longitudinale dont nous avons parlé ; ce dernier
caractère les sépare nettement des *astéries*.
Les *euryales* offrent cette différence que leurs
rayons sont divisés, et les *comatules* se carac-
térisent en ce que les rayons sont à plusieurs
rangs au-dessus les uns des autres.

GÉNÉRALITÉS

SUR LES ECHINODERMES.

Une organisation plus avancée se dessine ici bien mieux que dans les *acalèphes* ; la disposition rayonnante est encore la même, mais déjà quelque chose de plus net et de mieux arrêté s'observe dans les formes. La peau devient plus épaisse et mieux formée, un dépôt de matière terreuse s'y forme de diverses manières, et y devient le support ou le squelette de l'animal. De véritables bouches absorbantes s'ouvrent sur toute la superficie et viennent pomper l'eau qui traverse le corps par des voies spéciales et en sort continuellement. Les voies digestives ne sont plus de simples cavités creusées dans le tissu même de l'animal. Ce sont des intestins libres et flottans dans l'intérieur du corps où ils sont attachés et maintenus par une membrane particulière appelée *mésentère*. La bouche, plus composée, s'arme de dents ; les muscles deviennent évidens plus nettement circonscrits et doués d'une puissante énergie. Un système nerveux commence à paraitre , les sexes sont encore douteux , mais les ovaires ont acquis un grand développement. Tant de rapports dans la structure ont fait former des animaux qui précèdent la *classe* des *échinodermes*.

Quelques caractères de moindre importance ont servi à les grouper en deux *ordres* différens , savoir : Ceux qui sont privés de pieds ou d'appendices à la surface de leur peau, et ceux qui en sont pourvus comme il suit :

Echinodermes.	Sans pieds.	Siponcles. Priapules. Miniades. Molpadies.
	Avec des pieds.	Holoturies. Oursins. Encrines. Astéries.

On a pu remarquer que le premier de ces deux ordres n'est pas si nettement tranché , qu'il n'offre les plus grands rapports avec les *holoturies ;* comme celles-ci, ce sont des animaux dont le corps est cylindrique et alongé, dont la peau offre un tissu analogue, mais totalement dépourvu d'armure.

Les échinodermes *pédicellés*, au contraire, sont plus ou moins hérissés de pieds piquans, et leur enveloppe est en outre percée d'un grand nombre de petits trous à travers lesquels passent des tentacules membraneux cylindriques, terminés chacun par un petit disque qui fait l'office de ventouse. La partie de ces tentacules qui reste à l'intérieur du corps est vésiculaire; une liqueur est épanchée dans toute leur cavité, et se porte, au gré de l'animal, dans la partie cylindrique extérieure qu'elle étend, ou bien elle rentre dans la partie vésiculaire intérieure, et alors la partie extérieure s'affaisse. C'est en alongeant ou en raccourcissant ainsi leurs centaines de pieds, ou de tentacules, et en les fixant par les ventouses qui les terminent, que ces animaux exécutent leurs mouvemens de progression. Des vaisseaux partant de ces pieds, se rendent dans des troncs qui répondent à leurs rangées, et qui aboutissent vers la bouche. Ils forment un système distinct de celui des vaisseaux intestinaux qui s'observent dans quelques espèces.

CHAPITRE V.

CLASSE DES VERS INTESTINAUX.

§ 1er. — *Vers parenchymateux.*

I. FAMILLE DES CESTOÏDES.

LES LIGULES.

Les animaux dont il s'agit ici , comme tous ceux de cette classe, vivent généralement dans le corps d'autres animaux en véritables parasites. La *ligule* est un petit ruban qui ressemble assez bien à une bandelette de blanc d'œuf coagulé , homogène dans toute son étendue, sans trace apparente d'organisation ; quelque recherche que l'on fasse , soit avec le scalpel , soit avec le microscope , si ce n'est quelques œufs , diversement distribués dans la longueur de son tissu ou parenchyme. Cependant c'est un animal vivant et capable de se mouvoir ; si on vient à le placer dans l'eau, il nage à la manière des sangsues.

Les *ligules* vivent dans le ventre de certains oiseaux , mais principalement de divers poissons d'eau douce dont elles enveloppent et serrent les intestins au point de les faire périr. Ce qu'il y a de singulier à l'égard de plusieurs de ces vers, qu'on a trouvés dans des poissons, c'est d'abord leur grosseur assez considérable relativement à celle de l'animal ; ensuite leur situation, le ver étant hors du canal intestinal et occupant l'étendue du poisson quelquefois depuis la tête jusqu'à la queue, en traversant toutes ses parties. On prétend que les ligules des poissons ne s'y trouvent qu'en automne et en hiver, qu'elles les quittent en perçant leur dos et leur ventre, et qu'elles périssent dès qu'elles sont dehors. *Rudolphi*, un des auteurs les plus remarquables par ses travaux sur ces animaux, a fait une remarque fort singulière , il avance que les *ligules*, dans la partie de leur vie qu'elles passent dans les poissons , restent incomplètes dans leur organisation et infécondes ; mais que, parvenues dans les voies digestives des oiseaux qui s'étaient nourris de ces mêmes poissons , elles y prennent un nouveau degré de développement et peuvent alors s'y multiplier par germes. Le changement seul de milieu aurait suffi ici pour déterminer deux degrés d'organisation bien différens.

On dit que dans un lac des environs de Naples, se trouve une espèce de poisson dans lequel il y a beaucoup de *ligules*, que celles-ci sont désignées sous le nom de *macaroni piatti* par les habitans du pays, qui les recherchent beaucoup et les mangent avec délices.

Ces animaux sont regardés comme formant une famille sous le nom de *cestoïdes*, ou en forme de ceinture ou de ruban; elle est composée d'un seul genre.

II. FAMILLE DES TÉNIOÏDES.

LES TÉNIAS.

Le ténia est un des plus cruels ennemis de l'homme et des animaux dans lesquels il vit et qu'il paraît épuiser. Il a souvent été désigné sous le nom de *ver solitaire ;* c'est dans les voies digestives des animaux des classes supérieures qu'on le trouve fréquemment. Il y en a de fort petits, cependant on en trouve qui ont de 10 à 12 mètres de longueur (30 à 40 pieds environ) ; mais que serait-ce si l'on pouvait ajouter foi au dire de quelques auteurs, qui parlent de ténias longs de quarante à cinquante aunes, et même de huit cents !

Le *ténia*, comme l'indique son nom, qui est latin et qui veut dire *bandelette*, est un ver aplati de la forme d'un ruban long et blanchâtre et marqué de lignes transverses qui indiquent de nombreuses articulations. Ces articulations, plus ou moins grandes selon les espèces, rendent les deux bords de ce ver comme dentelés. Celles qui sont antérieures sont souvent peu distinctes et ressemblent à des rides. A mesure qu'elles se rapprochent de l'extrémité postérieure, leurs dimensions augmentent et leurs formes se prononcent.

La partie antérieure du *ténia* est plus amincie, et se termine par une tête pourvue de quatre bouches bien distinctes, qui sont autant de suçoirs par lesquels l'animal pompe sa nourriture. Beaucoup de *ténias* possèdent, en outre, une trompe mobile qui sort entre les quatre bouches ; elle surmonte la tête, et elle est quelquefois armée de crochets. Sa mobilité lui permet de s'alonger au dehors ou de se retirer au dedans de la tête. De chacune des quatre bouches part un canal alimentaire, et ces quatre canaux se réunissent en un seul qui traverse toutes les articulations du corps de l'animal.

Après la tête se trouve un espace uni et aminci qui forme le *col;* celui-ci enfin est bientôt suivi des petites articulations de dimensions croissantes dont nous avons parlé et qui forment la masse du *ténia.* Le corps se termine toujours brusquement et sans diminution de diamètre, parce que les dernières articulations ont toujours peu d'adhérence entre elles et qu'elles se détachent avec beaucoup de facilité ; aussi est-il rare de trouver des ténias pourvus de toutes leurs articulations.

Beaucoup de naturalistes ont regardé les articulations des *ténias* comme autant d'animaux particuliers enchâssés les uns dans les autres et vivant en commun comme certains *polypes. Bonnet ,* ayant le premier fait connaître le petit enflement qui termine l'extrémité antérieure de ces vers et qui forme la tête, on a pensé dès lors que chaque ruban n'était qu'un animal unique dont le corps est aplati et articulé. Lamarck reste cependant dans le doute à cet égard; il se pourrait, dit-il, que les *ténias* fussent véritablement des animaux composés, mais d'une nouvelle sorte.

Chaque articulation est remarquable en

effet, en ce qu'elle est composée de la même manière, et forme un tout complet : on voit sur un de ces bords un petit trou, et quelquefois un petit bouton ou mamelon perforé. Elle a aussi ses masses particulières de gemmules internes que l'on prend pour des ovaires, et l'on peut, à l'aide d'une légère pression, faire sortir chaque gemme oviforme par l'un des pores latéraux de l'articulation qui les contient.

Voici comment s'opère la reproduction : Les articulations chargées d'œufs en maturité, se détachent très facilement, et ce sont ordinairement les dernières ; alors la vie ne tarde pas à s'éteindre dans ces mêmes articulations; elles se détachent peu à peu et les vers qu'elles contiennent sont mis en liberté. On a également observé sur quelques espèces que les ovaires se détachent et tombent en totalité avec la peau qui les recouvre, laissant, percées dans leur centre, les articulations dont ils faisaient partie, encore unies entre elles. Enfin, il est présumable aussi que les œufs peuvent sortir par le petit canal qui s'étend des ovaires au pore génital, que l'on voit sur les bords des articulations. Ce mode de parturition n'a été observé qu'une seule fois par Goëze.

Les *ténias* vivent dans les intestins des animaux, et jamais au milieu des chairs comme les *ligules*. Là ils se nourrissent des sucs gastriques de ces mêmes animaux, et il est souvent fort difficile de les détruire. Les vermifuges ordinaires sont toujours impuissans contre eux, on est obligé de recourir aux moyens les plus actifs, comme les purgatifs énergiques; la térébenthine, l'éther, les préparations mercurielles, la limaille d'étain, etc.; encore tous ces moyens échouent-ils souvent.

Lamarck admet vingt-deux espèces de *ténias*; nous en citerons deux seulement, décrites par Cuvier.

Le *ténia large*, dont les articulations sont larges et courtes et ont un double pore dans le milieu de chaque face latérale. Il est communément long de sept mètres environ (vingt pieds), on en a vu de plus de trente ; ce vers est très fâcheux et très tenace. Il ne présente aucune partie saillante au milieu des quatre suçoirs; il vit chez l'homme.

Le *ténia à longs anneaux*, qui vit aussi dans l'homme et qui a entre ses suçoirs une proéminence armée de petites pointes disposées en rayons. Celui-ci a reçu plus particulièrement le nom de *ver solitaire*. Ses articulations sont plus longues que larges et ont le pore alternativement à un de leurs bords. D'ordinaire il a d'un à trois mètres de longueur. Il s'en faut de beaucoup qu'il n'y en ait qu'un à la fois dans un individu, comme on le croit vulgairement. Ses articulations détachées sont ce qu'on appelle des *cucurbitaires*, à cause de leur ressemblance avec des semences de courge ; il est aussi un des vers intestinaux les plus dangereux et les plus difficiles à expulser.

Les *ténias* forment plutôt une *famille* qu'un *genre*, si l'on comprend sous cette dénomination tous les vers intestinaux formés d'articulations aplaties, et dont la tête est pourvue d'armures ou de suçoirs ; aussi *Rudolphi* range-t-il, sous le nom de *vers ténioïdes,* les êtres suivans dont on a formé autant de genres à part, à cause des diversités que peut présenter la forme de leur tête, ou de leur extrémité postérieure, terminée par une vessie.

LES TRICUSPIDAIRES.

Ils ont la tête divisée comme en deux lèvres, et de chaque côté, au lieu de suçoirs, deux aiguillons à trois pointes. On les trouve chez les poissons.

LES BOTRYOCÉPHALES.

La tête n'a que deux fossettes nues ou armées seulement de deux suçoirs saillans, au lieu de quatre. On les trouve dans les poissons et dans quelques oiseaux. Parmi ceux-ci on trouve les *floriceps*, dont la tête a l'aspect d'une fleur, à cause de quatre tentacules armées d'épines recourbées. Les *tétrarinques* qui semblent être des floriceps réduits à la tête et à deux articles au lieu d'un corps alongé et de plusieurs articles.

LES CYSTICERQUES.

Vulgairement connus sous le nom d'*hydalides*, ces vers se forment dans une vésicule qui leur sert de prison. Leur tête a quatre suçoirs et une trompe couronnée de quatre crochets. Le corps de ces animaux est lui-même terminé par une ampoule remplie d'un liquide transparent. Les cysticerques varient depuis la grosseur d'une noisette jusqu'à celle du poing. Ils se développent dans le foie, le cœur, le cerveau, les yeux, le poumon et la plupart des organes des animaux.

LES CÉNURES.

Remarquables par un nombre plus ou moins grand de têtes se terminant par un seul corps en ampoule et commun à toutes ces têtes. Ce sont ces animaux qui, en se développant dans le cerveau des moutons et des bœufs, leur causent la maladie connue sous le nom de *tournis*, qui les fait tourner involontairement de côté, comme s'ils avaient des vertiges.

LES SCOLEX.

Extrêmement petits, vivent dans les poissons. Le corps est terminé en avant par une sorte de tête très variable dans sa forme, autour de laquelle sont deux ou quatre suçoirs, quelquefois en forme d'oreilles ou de languettes.

III. FAMILLE DES TRÉMATODES.

LES PLANAIRES.

Ces animaux, quoique simples en organisation, ne trouvent peut-être ici leur place que parce qu'ils sont mal connus. Beaucoup d'espèces, mieux étudiées, seront peut-être un jour rangées dans la classe plus élevée des *mollus-ques*. Ils semblent même déplacés dans celle des *vers intestinaux*, puisqu'ils n'habitent point dans d'autres animaux, mais seulement dans les eaux douces ou salées. Leur corps n'est point alongé, mais aplati. Il est formé d'un tissu homogène, sans cavité alimentaire visible ; on y aperçoit cependant quelques vaisseaux ramifiés, et des organes qui ont l'apparence d'ovaires. Sous leur ventre on voit un ou deux suçoirs.

LES DOUVES.

Comme les planaires et les autres animaux de cette famille, elles ont sous le ventre des suçoirs en forme de ventouses. L'un a l'extrémité antérieure, l'autre en arrière. Elles habitent, soit le corps des animaux, soit les eaux douces et salées.

La plus remarquable est la *douve du foie*, qui se trouve dans les vaisseaux de la bile chez l'homme et chez différens animaux. Sa forme est celle d'une petite feuille ovale, pointue en arrière, ayant en avant une petite partie rétrécie, au bout de laquelle est le premier suçoir, qui donne des canaux qui se distribuent dans tout le corps de l'animal, et y portent la bile dont il fait sa nourriture. C'est à la *douve*, qui se multiplie d'une manière excessive chez les moutons qui paissent dans des terrains humides, que ces animaux doivent ces hydropisies qui les font mourir.

LES POLYSTOMES.

Lamarck forme un genre distinct de ces animaux, et Cuvier un sous-genre : ils sont caractérisés par un corps alongé et lisse, et six suçoirs rangés sur une ligne transverse sous le bord antérieur. On les a trouvés dans la vessie urinaire des grenouilles, et sur les branchies de quelques poissons.

IV. FAMILLE DES ACANTHOCÉPHALES.

LES ECHINORINQUES.

Leur suçoir est une trompe hérissée de crochets recourbés que ces vers enfoncent dans les membranes ou les viscères des animaux dans lesquels ils vivent, et dans lesquels ils demeurent souvent ainsi attachés pendant toute leur vie.

Leur corps est un simple petit sac un peu aminci postérieurement, tantôt lisse, tantôt muni de quelques rides transverses. Quelques-uns, outre les aiguillons de leur trompe, en ont quelquefois sur d'autres parties de leur corps.

Il en existe une espèce fort grande qui habite en abondance les intestins du cochon et du sanglier, où les femelles atteignent jusqu'à trente centimètres de longueur.

----

§ 2ᶜ *Vers cavitaires.*

I. FAMILLE DES NEMATOIDES.

LES NEMERTES.

Ici, se trouvent des vers pourvus d'une *cavité* intestinale, qui traverse toute l'étendue de leur corps. Celui-ci est uni d'un bout à l'autre, extrêmement long, extrêmement mou et cylindrique. En avant il est percé d'un trou qui est la bouche, en arrière se trouve une large ouverture qui termine la cavité digestive. On voit encore serpenter le long de ses parois un canal, que l'on présume destiné à la génération, et qui aboutit à un tubercule placé au bord de la grande ouverture postérieure.

La seule espèce connue a près d'un mètre et demi de long et vit dans quelques poissons.

LES LERNÉES.

Ces animaux parasites ont le corps oblong, cylindrique, quelquefois renflé et irrégulier, remarquable par un long cou de substance cornée, au bout duquel se trouve la bouche, composée de trois petits suçoirs et entourée de productions branchues de la même substance cornée, le tube digestif, comme dans les précédentes, traverse le corps et s'ouvre à son extrémité postérieure. Deux sacs extérieurs, que l'on suppose être leurs ovaires, pendent à cette même extrémité.

L'espèce la plus connue est celle qui attaque la morue, mais on en trouve aussi, fixées sur d'autres poissons ; soit aux lèvres, soit à la base des nageoires où elles vivent en suçant leur sang, et où elles restent suspendues et immobiles.

LES PRIONODERMES.

Leur corps moins cylindrique, est un peu déprimé et tranchant sur les côtés, se marquant par de fortes et nombreuses crénelures. La tête est large et aplatie ; la bouche percée en dessous, et à chacun de ses côtés, sont deux fentes longitudinales, d'où sortent de petits crochets. L'intestin est droit, les vaisseaux générateurs longs et entortillés. Les uns et les autres ont leur issue à l'extrémité postérieure.

On en connaît une espèce, qui se tient dans l'épaisseur du front du chien et du cheval et qui acquiert jusqu'à quinze centimètres de longueur.

C'est le ver intestinal, où les filets nerveux et leur ganglion, sont le plus nettement marqués.

LES FILAIRES.

Vers, dont l'organisation paraît très simple, dont le corps est alongé, mince, en forme de fil et percé en avant d'une bouche ; ces animaux sont extrêmement nombreux, habitant presque tous les animaux, depuis les insectes, jusqu'à l'homme , renfermés en paquets et en quantités innombrables , dans des espèces de capsules et au milieu de toutes les parties du corps.

Le ver de *Médine* ou de *Guinée* est une de leurs espèces , bien connue et bien célèbre dans les pays chauds où il est très commun. C'est principalement aux jambes , et sous la peau de l'homme, où il cherche de s'insinuer, et là il peut acquérir jusqu'à plus de trois mètres (environ 10 pieds) de longueur. Si l'on s'en rapporte à quelques auteurs , il peut y subsister pendant plusieurs années, sans causer de sensations très vives , mais il y produit aussi quelquefois des douleurs atroces et des convulsions, selon les parties qu'il attaque. Quand il se montre au dehors , on le saisit et on le retire avec beaucoup de lenteur et de précautions, de peur de le rompre. Il est gros comme un tuyau de plume de pigeon ; son caractère distinctif , est d'avoir le bout de la queue pointu et crochu.

DRAGONEAUX.

Ces vers ont aussi été appelés *Gordius* , à cause des espèces de nœuds qu'ils forment en s'entrelaçant ; ils ressemblent beaucoup aux précédens ; quant à leur organisation , elle n'en diffère guère que par le lieu de leur habitation.

En effet : les *Dragoneaux* vivent dans les eaux vives , dans la vase ou le sable humide ; ils se meuvent et se replient dans l'eau , de mille manières, comme de petits serpents.

LES ASCARIDES.

Les *ascarides* ont le corps long, cylindrique et uni, mais ils se distinguent par une bouche recouverte antérieurement , par trois petites valvules ou appendices , qui leur servent comme de lèvres pour les aider à se fixer et à pomper leur nourriture. Ils ont un canal intestinal , droit et une ouverture ovale. On distingue parmi eux, des individus des deux sexes , mais les femelles sont beaucoup plus grosses et plus nombreuses.

On les trouve par troupes , dans les intestins de l'homme et des animaux , et après les ténias, ce sont les vers les plus communs et les plus nuisibles.

L'*ascaride lombrical* , l'espèce la plus connue, atteint près de quarante centimètres de longueur. Sa couleur est blanche ; il se multiplie quelquefois à l'excès, et peut causer des maladies mortelles, principalement aux enfans, auxquels il occasionne des accidens de tous genres, surtout quand il remonte dans l'estomac.

L'ascaride vermiculaire, très commun chez les enfans, beaucoup plus petit que le précédent.

LES TRICHOCÉPHALES.

Dont le corps est rond, plus gros en arrière, et mince comme un fil en avant. Cette partie se termine par une bouche ronde.

Le plus connu est celui qu'on trouve chez l'homme, et qu'on nomme vulgairement, *ascaride à queue en fil.* Rudolphi a distingué, comme genre à part, sous le nom d'*oxyures*, ceux dont la partie postérieure du corps est amincie en fil, plutôt que l'antérieure.

LES CUCULLANS.

Les *cucullans* se trouvent dans l'estomac et les intestins des poissons; ils ont le corps rond, plus mince en arrière; la tête mousse, revêtue d'une sorte de petit capuchon, la bouche est ronde. On a distingué, comme devant former un genre à part, sous le nom d'*ophiostomes*,

ceux qui se distinguent par une bouche fendue
en travers et munie de deux lèvres.

LES STRONGLES.

Ces vers sont remarquables, en ce qu'ils
ont une organisation plus avancée que les
autres ; leur corps est long et cylindrique
comme celui des *ascarides*, lisse, blanchâtre
ou un peu rougeâtre, mais assez transparent
pour laisser voir, à travers la peau, les organes
intérieurs. Les sexes sont parfaitement distincts, sur des individus différens.

Le plus remarquable est le *strongle géant ;*
il est gros comme le petit doigt, et sa longueur
va jusqu'à un mètre (3 pieds). Ce qui est le
plus singulier, c'est qu'il se développe le plus
souvent, dans l'un des reins de 'divers animaux, comme du loup, du chien, de la
marte et même de l'homme, s'y tenant tout
replié sur lui-même, faisant gonfler cet organe,
et causant des douleurs atroces à l'individu
dans lequel il s'est logé. On en a rendu quelquefois par les urines, lorsqu'ils étaient encore
petits. Ce ver est souvent du plus beau rouge.

GÉNÉRALITÉS

SUR LES VERS INTESTINAUX.

Jusqu'à présent une sorte d'enchaînement naturel a présidé à la formation des classes d'animaux que nous avons étudiées : Les *infusoires* ont présenté les premières formations organisées, et successivement de petits sacs alimentaires, plus ou moins pourvus d'appendices qui amenaient fort bien à l'idée des *polypes*. Ceux-ci à leur tour nous présentaient ces genres douteux, des actinies, des zoanthes et des lucernaires pour nous conduire aux *acalèphes,* dont la famille nombreuse des médusaires rappelle en grand les formes et les tentacules des polypes. Les *échinodermes* enfin avec leur forme rayonnante ne semblent s'éloigner de ceux qui

précèdent que par quelques degrés d'avancement quant à leurs viscères, et le durcis-
sement ou l'armure de leur peau.

Il n'en est plus ainsi lorsqu'il s'agit des
vers intestinaux : ils présentent bien ce caractère commun, mais non absolu, d'habiter
dans l'intérieur d'autres animaux ; mais le
lieu d'habitation ne saurait être un caractère
suffisant au classement des êtres animés ; la
connaissance seule de leur structure peut servir à cet effet. Nous avons vu combien celle-ci
est simple chez quelques *vers* et d'un rang
élevé chez les autres, de telle sorte que dans
le même groupe se trouvent renfermés des
êtres, dont les uns sont au-dessus et les autres
au dessous des classes qui précèdent. Les vers
intestinaux se trouvent tout-à-fait hors de
ligne dans la progression des classes établies.

La distinction qu'en fait Cuvier, en rangeant les familles déjà formées par Rudolphi,
sous les deux ordres de *vers Parenchimateux*
et de *vers Caritaires*, rectifie au moins, s'il
se peut, l'imperfection de cette classe. On
voit séparés ceux qui sont réduits à un simple tissu homogène ou *parenchyme*, sans
aucune trace d'organes, et ceux qui sont
pourvus d'une cavité digestive à laquelle s'ad-
joignent quelques traces de vaisseaux d'o-

vaires ou de sexes distincts qui en font des êtres plus parfaits.

Le tableau suivant donnera une idée exacte de leur distribution.

Classe.	Ordres.	Familles.	Genres.
VERS INTESTINAUX.	Parachymateux.	Cestoides.	{ Ligules.
		Ténoides.	{ Tricuspidaires, Botryocéphales. Cysticerques. Cénures. Scolex.
		Trématodes.	{ Planaires. Douves. Polystomes.
		Acanthocéphales.	{ Echinorinques.
	Cavitaires.	Nématoides.	{ Nemertes. Lernées. Prionodermes. Filaires. Dragonaux. Ascarides. Trichocéphales Cucullans. Strongles.

Rudolphi qui avait emprunté sa division à Zeder, n'avait pourtant pas donné les divisions telles qu'elles sont présentées ici ; les *Cestoïdes* comprenaient tous les *vers intes-*

tinaux en forme de ruban, soit qu'ils fussent simples, comme les Ligules, ou plus composés comme les ténias. Les *Cysticerques* formaient aussi pour lui une famille à part et quelques genres étaient diversement répartis, de sorte que sa distribution a été fort modifiée après lui.

Une des questions qui ont le plus occupé les naturalistes, c'est celle de l'origine des vers intestinaux. Sont-ils formés de toutes pièces dans le corps même des animaux où on les trouve, ou viennent-ils du dehors, et introduits avec les aliments, soit tout formés, soit à l'état d'œufs?

Bremser, médecin allemand, s'est récemment occupé de débattre cette question, dans un traité sur les *vers intestinaux* de l'homme, dans lequel il se prononce fortement pour la première de ces deux opinions.

Cette question est loin d'être aussi oiseuse qu'elle le semble au premier abord. Elle touche d'un côté à une des questions de la plus haute philosophie des sciences, celle de la *génération spontanée* ou de la formation primitive, des êtres et de l'autre au traitement rationnel de l'une des plus terribles maladies de l'homme.

Bremser suppose que Linné s'est trompé

lorsqu'il a cru trouver la *douve du foie*, le
ténia large et l'*ascaride vermiculaire* dans
des marais, ou dans des racines de plantes
pourries. Il cherche à réfuter toutes les observations de ce genre recueillies par Fissot,
Beireis, Gmelin, Leeuwenhock, Scheffer et
quelques autres auteurs. Il pense bien plutôt
que si quelques vers intestinaux ont pu être
trouvés dans l'eau, ils y avaient été déposés
par les animaux eux-mêmes. Nabn, d'après
lui, dans une lettre à Pallas sur une épizootie
qui avait régné tout le long de la rivière
Ob, en Russie, croit qu'elle pouvait être
attribuée à ce que les petites rivières et les
eaux stagnantes de ce pays étaient à cette
époque, remplies d'une quantité considérable
de *filaires*. Il pense que les bœufs et les
chevaux qui furent atteints de cette maladie
les avaient avalés en buvant, et que ces vers
s'étaient frayé une route à travers les parois
de l'estomac, pour arriver dans les poumons
et dans le foie où on les a trouvés. Il fait
observer que ceux de ces animaux auxquels
on a donné à temps des sels et des vermifuges furent sauvés. Il paraît qu'on ne
rencontra pas du tout de vers dans l'estomac
de ces animaux.

Bremser aime mieux penser que ces vers ou sont engendrés dans les poumons, comme cela a lieu quelquefois chez les moutons, et qu'ensuite ceux-ci les ont communiqués par l'expectoration aux eaux dans lesquelles ils s'abreuvaient.

Il déduit de la structure spéciale de ces animaux fort différente de la forme de ceux qui habitent la terre ou les eaux, de la constance des mêmes espèces de vers dans les mêmes espèces d'animaux, de leur séjour dans les endroits les plus inaccessibles du corps, de la constance des mêmes espèces dans les mêmes organes, de ce qu'ils vivent dans le corps et meurent quand ils en sont sortis, que les vers intestinaux ne sauraient être les descendans des vers qui vivent originairement dans l'eau ou dans la terre.

Aucun de ces argumens ne parait pourtant concluant. Il est bien vrai que les vers intestinaux ont une forme particulière, différente de celle des autres vers, mais il est vrai aussi que l'influence du nouveau milieu dans lequel ils vivent peut être la cause modifica'rice des vers ; ceci est d'ailleurs un des points de la question, et non un fait qui puisse servir de preuve. On conçoit aussi que les vers puissent s'insinuer partout à l'état d'ovules microscopiques ou même de vers parfaits, lorsque la chirurgie nous apprend que tant de corps étrangers, tels que des aiguilles, des grains et des balles de plomb ont pu cheminer à travers nos organes.

Quant à la constance des mêmes vers dans les mêmes espèces d'animaux, deux raisons peuvent la justifier, quand on les supposerait venus du dehors : la première c'est que si ces vers devaient la modification de leur structure à la nature de l'animal qu'ils habitent, il est très naturel de croire que certains de ces vers seront toujours modifiés de la même manière dans les mêmes individus, mais modifiés diversement selon les espèces; la seconde raison est que lorsque des animaux différens avalent en même temps différentes espèces de vers, chacun d'eux peut bien ne développer que l'espèce pour laquelle il est un milieu favorable et faire périr les autres. Il est impossible de se refuser à cette idée lorsqu'on songe qu'une maladie suffit, soit pour favoriser le développement des vers, soit pour les chasser. Ainsi tout le monde sait que le ténia ne peut rester dans le canal intestinal des personnes affectées de fièvres intermittentes, ni les ascarides dans les voies digestives des enfans atteints de cette même fièvre ou du typhus. Enfin lorsqu'un être a pu naître et croître dans un milieu quelconque, qu'il a toujours vécu sous l'influence de ce même milieu, qu'il s'y est façonné, rien de plus naturel qu'il ne puisse en être arraché brusquement et jeté dans des circonstances toutes nouvelles, sans souffrir et même sans périr ; aussi les *vers intestinaux* meurent-ils peu de temps après être sortis du corps.

Schreiber nourrit en 1806 un putois, pendant six mois, uniquement de lait, de vers intestinaux de toute espèce, et de leurs œufs ; au lieu de cette nourriture, on n'a substitué que très rarement un peu de mie de pain. Cet animal fut tué ensuite et examiné ; mais, au grand étonnement de tout le monde, on n'y trouva pas la trace d'un ver quelconque.

Une pareille expérience est peu probante, tentée sur un seul individu, et il suffit d'ailleurs de rappeler ici ce que nous venons de dire sur certaines dispositions plus ou moins propres à seconder ou à empêcher le développement des vers dans les mêmes animaux.

L'on peut encore opposer à ceux qui combattent l'origine extérieure des vers intestinaux, que ces mêmes vers ont les plus grands rapports avec certains microscopiques, notamment avec les *vibrions*, dont ils semblent n'être que les développemens; et enfin, bien que l'on voulût admettre une génération spontanée pour des êtres imparfaits et à peine organisés, il répugnerait toujours de l'admettre à l'égard de vers aussi parfaits que les *strongles* et les *ascarides*.

Il est juste d'avouer aussi que la doctrine des *générations spontanées* possède aujourd'hui de nombreux partisans, et que si l'on ne pense pas avec Bremser que des vers puissent se former des humeurs versées dans le canal intestinal, on peut admettre facilement l'opinion de l'auteur de la Chronique autrichienne, qui pense que ce sont les parties mêmes de l'intestin, comme son tissu cellulaire et ses villosités qui s'alongent et qui jouissent peu à peu d'une vie indépendante, comme on le voit dans la gemmation et l'engendrement des polypes.

En résumé, ces questions restent encore obscures. Peut-être y a-t-il du vrai dans l'une et dans l'autre de ces deux manières de voir; mais le temps de leur solution ne semble point être encore venu.

CHAPITRE VI.

DES ZOOPHYTES EN GÉNÉRAL.

La connaissance d'un grand nombre d'individualités est nécessaire, nous l'avons dit, à la formation des idées générales, et indispensable aux vues d'ensemble. Aussi, toutes les considérations qui se rapportent au grand *embranchement* des zoophites se trouvent-elles tout naturellement amenées ici. Les placer en tête d'une œuvre élémentaire, ce serait les imposer au lecteur qui assiste pour la première fois au déploiement de la série des êtres animés, et le priver, par l'absence des faits qui fondent les raisonnemens, du bénéfice de son propre jugement qui, avant tout, doit être pur de toute prévention.

On a pu se convaincre que les *animaux-plantes* n'ont guère présenté de commun avec les végétaux, dans la plupart des cas, qu'une apparence de forme dont un examen plus attentif a plus tard dévoilé la véritable nature. La disposition rameuse des polypiers ne justifierait donc pas aujourd'hui la dénomination de *zoophytes* ou d'*animaux-plantes* que l'on donne encore à tout ce groupe d'animaux. Cuvier a pensé que la disposition rayonnante que présentent la plupart des zoophytes qui s'aggrègent à la manière d'une fleur composée, ou qui étalent leurs tentacules disposés en cercle autour de leur bouche, à la manière des pétales d'un souci ou d'une anémone, pouvait autoriser l'emploi de cette dénomination. Aussi les désigne-t-il indistinctement sous le nom de zoophytes et d'*animaux rayonnés*, expressions qu'il emploie comme synonymes.

Mais il s'en faut encore que le nom de zoophytes soit justement applicable à chacune des classes qui composent ce groupe, et rien, dans certains microscopiques ni dans les vers intestinaux, par exemple, ne rappelle même le rayonnement dont il est ici question. Les zoophytes, il faut le dire, sont en général les animaux les moins connus et le groupe peut-être le plus artificiel. Les cinq classes qui le composent, désignées sous les noms de *Microscopiques*, de *Polypes*, d'*Acalèphes*, d'*Echinodermes* et de *Vers intestinaux*, contiennent bien les animaux, en général, les plus simples connus en fait d'organisation, mais là seulement se trouvent peut-être aussi toute leur parenté et le caractère le plus général de leur groupe, caractère qui ne saurait même être absolu, puisque beaucoup de ces animaux pourraient probablement encore sortir de cette division, si leur structure venait à être mieux connue.

La plupart des naturalistes ont senti le vice radical de cette classification, et ont cherché à la modifier de diverses manières sans être plus heureux. Lamarck et Lamouroux ont entièrement renoncé au nom et au groupe des *zoophytes* et en ont diversement réparti les genres sous d'autres dénominations. M. de Blainville, tout en admettant le nom et le groupe, en a changé les classes et distribué bien différemment les êtres. Il sépare d'abord sous le nom de *zoophytes faux* tous ceux dont les caractères sont douteux, tels que les *nullipores*, les *coralines*, et ces existences ambiguës dont nous avons donné la description dans les généralités des microscopiques, et que M. Bory de Saint-Vincent propose de considérer comme formant le passage du règne végétal au règne animal; puis il forme une seconde section de zoophytes faux, dans laquelle il rassemble à peu près tous les microscopiques proprement dits.

Les vrais zoophytes pour M. de Blainville se composent 1° des êtres qui, comme les éponges, ne présentent pas de forme bien déterminée, et qu'à cause de cela il nomme *amorphozoaires*, 2° de ceux qui offrent une forme rayonnée assez analogue à celle des actinies, et qu'il désigne sous le nom d'*actinozoaires*. Ces derniers sont eux-mêmes distribués en cinq classes comme il suit ; les *échinodermaires* où se trouvent rangés les oursins, les holoturies et les étoiles de mer ; les *arachnodermaires* qui renferment les médusaires en général ; les *zoanthaires* comprenant l'ancienne division des madrépores, les actinies, et en général les animaux en fleurs ; les *polypiaires* réunissant la plupart des polypiers, et enfin les *zoophytaires*, classe composée d'animaux plus gros que les précédens et où l'on trouve les alcyons, les tubipores, es pennatules , etc.

Aucune de ces tentatives de classification ne paraît l'emporter encore décidément aux yeux des naturalistes ; aussi avons-nous préféré nous en tenir ici à celle adoptée par Cuvier, la plus généralement connue ; notre but d'ailleurs étant moins d'insister sur l'arrangement des êtres que de les faire connaître individuellement, et de faire comprendre aussi leur nature intime et les rapports de leur structure avec les élémens qui les environnent.

L'être organisé le plus simple dans la série que nous venons de parcourir, c'est le *globule*, ou cellule composée d'un sac sans ouverture rempli d'un liquide. Le globule vit isolé et constitue la *monade*, ou bien il s'aggrége et se sépare alternativement pour former, comme nous l'avons vu dans la métamorphose des zoocarpées, soit un végétal, soit un être animé. L'eau est l'élément dans lequel se passent toutes ce merveilles : dire comment elle organise ces sphères vivantes, dépasse les limites de nos connaissances actuelles ; mais sa fluidité et l'égalité de sa pression rendent parfaitement compte de la forme globuleuse.

La *génération* est un des sujets qui ont le plus occupé les philosophes de tous les temps, et depuis le simple atôme jusqu'aux êtres les plus composés et les plus parfaits, l'intelligence humaine s'est épuisée en conjectures sur l'origine des existences. Le grossissement des verres a été appelé à l'aide de notre vue, et bientôt les nerfs, les muscles, les membranes , le sang et la plupart des liquides qui constituent l'organisation des animaux , la substance des végétaux elle-même, ont apparu comme d'immenses amas de globules. Mais comment s'opère cette agglomération en des formes si diverses, dans l'infinité des espèces , et pourquoi chaque germe se développe-t-il en un individu semblable à l'être qui l'a produit?

On avait cru faire un grand pas et avoir beaucoup avancé la question, autrefois, en imaginant le système de l'*emboîtement de germes*, c'est-à-dire que chaque individu contiendrait préalablement en lui-même, à l'état de germe imperceptible, celui auquel il doit donner le jour; que celui-ci à son tour contiendrait son descendant, et ainsi de suite, comme certaines boîtes, de dimensions décroissantes, que l'on voit toutes renfermées les unes dans les autres.

Il suffit d'énoncer un pareil système pour en faire sentir le vide; dire qu'un être sort d'un autre, parce qu'il y était contenu, c'est parler d'un fait que personne n'ignore; mais ajouter que celui-ci renferme déjà une série de générations *emboîtées*, c'est faire une supposition toute gratuite. De ce qu'un sel cristallise en donnant toujours les mêmes formes, et de ce que chacune de ses parcelles, lorsqu'on vient à la dissoudre, reproduit, toujours on petit, soit un cube, soit un prisme, selon la nature de ce sel, on n'en conclut pas qu'une série de cubes ou de prismes étaient emboîtés les uns dans les autres ; il y a bien certainement, dans chacune de ces générations, reproduction nouvelle, et de toutes pièces, de la forme primitive aux dépens de la substance mère.

Ce n'est pas à dire cependant que l'on puisse résoudre, dès à présent, une autre question célèbre qui se rattache à celle-ci, je veux parler de la *génération spontanée*. Quelques savans ont pensé qu'un être organisé pouvait ne pas toujours devoir son origine à un être de même nature, mais que les élémens inorganiques pouvaient, moyennant quelques circonstances favorables, s'organiser spontanément. Cette question se cache encore dans l'ombre ; nous ne devons que la rappeler, sans vouloir nous y arrêter.

Il est un fait qui demeure bien constaté, c'est que dans les êtres inférieurs la propagation peut avoir lieu, soit par la division des individus eux-mêmes, soit par la production de gemmes ou d'œufs ; mais dans tous les cas, ces premiers germes organisés se développent selon une tendance primitive qui les astreint à répéter les formes de l'être qui les a produits, tendance désignée par les physiologistes sous le nom de *nisus formativus*.

Puisque nous avons déjà pris un exemple dans la cristallisation, pour avoir un terme de comparaison dans la production des formes, qu'il nous soit permis de le reprendre ici, afin de rendre saisissables des questions trop souvent obscures par leur nature même. Soit un sel, comme élément, dissous dans un *milieu*, liquide, favorable : le travail de la cristallisation ne tardera pas à s'effectuer, et le *nisus formativus*, ignoré dans son essence, produira bientôt des facettes triangulaires ou carrées, selon la nature du sel. Que dans cet enfantement surviennent des vicissitudes de froid, de chaud, d'électricité, de lumière ou de densité, l'opération sera troublée et les formes cristallines en seront plus ou moins viciées. Que l'on fasse plus encore, que l'on change entièrement la nature du *milieu*; le *nisus formativus* perdra sa valeur, et le même sel aura pris, sous une autre influence, une forme entièrement nouvelle. C'est ainsi que le sel marin, par exemple, qui cristallise sous les six facettes d'un dé à jouer, lorsqu'il est dissous dans l'eau, et que ce dissolvant s'évapore spontanément, prend les huit faces d'un octaèdre régulier lorsqu'on le fait cristilliser dans l'urine.

Telle est aussi l'histoire des formations organisées. C'est d'abord un germe avec sa tendance originelle, son *nisus formativus*, puis un *milieu* en rapport avec lui et l'influençant plus ou moins dans ses variations. Une sorte de lutte constante semble s'engager entre ces deux puissances, et il n'est point nécessaire, pour s'en convaincre, de se livrer à d'immenses recherches, ni de sonder les profondeurs de la science ; ces faits se passent constamment sous nos yeux. Une plante verdit et se nuance vivement au soleil, ou pâlit et s'étiole à l'ombre ; elle est lisse dans la plaine, sur la montagne elle se couvre de poils ; en un mot, c'est la végétation tout entière que nous voyons périr et renaître soumise à la marche et au caprice des saisons. Les végétaux, les animaux, l'homme lui-même varient avec la nature du sol et des climats, et les espèces sont souvent changées par de nouveaux acclimatemens. Comment alors se refuser à admettre la perpétuelle influence des milieux ambians ? N'avons-nous pas déjà vu d'ailleurs parmi les vers intestinaux, l'histoire remarquable de ces *ligules*, qui tant qu'elles ont pour *milieu* le corps des poissons, restent incomplètes dans leur organisation et infécondes, mais qui, parvenues plus tard dans les voies digestives des oiseaux, y prennent un nouveau degré de développemens et acquièrent la faculté de s'y multiplier par germes? L'on conçoit surtout que c'est sur ce germe encore faible, et commençant à dessiner sa forme, que pèse la puissance des circonstances extérieures, bien plutôt qu'à l'époque où cette forme est parfaitement arrêtée. Dès lors on sentira aussi que c'est parmi les zoophytes, dans ces classes d'êtres ambigus, de véritables protées dont les formes vagues, souvent à peine distinctes de l'eau au sein de laquelle elles s'engendrent, qu'il convient de chercher à saisir la raison des premières formes organisées. Mais si le microscope a pu atteindre jusqu'au globule élémentaire, comme dernier terme d'analyse, bien s'en faut qu'il ait pu nous rendre témoins de sa formation, et là s'arrêtent encore les efforts de l'investigation.

En partant de ce point inconnu dans son essence, et en prenant le globule comme élément premier de toute organisation, il reste encore une route assez belle et assez vaste à parcourir pour que nous n'ayons pas à regretter ce qui nous demeure caché, quant au point de départ de la série des êtres vivans. Etudier les rapports de l'être avec son milieu, assister au déploiement de ses formes, voilà la marche philosophique que doit se proposer aujourd'hui le naturaliste. Partout il trouvera la nature conséquente, simple dans ses lois. L'*animalité* lui apparaîtra comme un seul être, construit sur un fait unique, fondamental, et comme sur un seul plan, mais pouvant varier dans l'ensemble ou dans le détail de ses proportions, pour constituer la diversité des formes animales.... Arrêtons-nous ici ; le moment ne saurait être venu d'entrer plus avant dans l'explication de ces belles destinées de l'histoire naturelle, et ce ne peut être dans ces classes encore mal connues de zoophytes, qu'il est possible de faire une application exacte et quelque peu étendue de la science des causes. Il est nécessaire en ce moment de nous borner à donner une idée de la manière dont s'organisent les êtres animés, et des différentes fonctions qui constituent la vie dans les divers genres d'animaux et les divers degrés d'organisation que nous avons déjà parcourus.

Le type de l'être organisé peut se réduire, dans sa plus simple expression, comme nous l'avons vu, à un *globule* imperforé, vivant dans un liquide. Ce globule est composé d'une enveloppe ou pellicule extrêmement mince, et d'un liquide un peu épais contenu dans la pellicule. Ce premier élément n'appartient en propre à aucun des deux règnes organisés ; il est animal aussi bien que végétal. Le microscope le retrouve dans les solides et les liquides des plantes et des animaux. Les *conferves*, comme nous l'avons vu, se divisent en bulles vivantes et animées pendant un certain temps et se recomposent en conferves avec le même élément qui passe ainsi d'un règne à l'autre; enfin la monade jusqu'à présent peut être considérée comme le *globule* vivant libre et d'une vie tout individuelle. Or nous citerons les expériences de M. *Dutrochet,* pour dévoiler le mode d'existence de tous ces corps vésiculeux.

Ce savant avait observé qu'au printemps l'extrémité des radicules des plantes terminés par une sorte de vésicule fort mince et fort tendre, appelée spongiole, se trouvait dans un état de gonflement considérable ; il prit un des fragmens de ces petites racines, plongea la spongiole dans l'eau et vit bientôt le liquide s'élever en gouttelettes à l'extrémité opposée. Il y avait là évidemment une force d'impulsion venue de cette même spongiole, et qu'on pouvait soupçonner être due à l'introduction de l'eau.

Quelque temps après, étant occupé à observer au microscope quelque filamens de moisissure placés dans un cristal de montre plein d'eau, il ne tarda pas à remarquer que les extrémités vésiculeuses des filamens, qu'il avait détachées dans l'eau, se vidaient insensiblement d'un grand nombre de globules par le côté de la section, tandis que l'extrémité opposée se remplissait d'eau. Le même phénomène fut observé aussi sur de petits sacs provenant de germes de limaces. Ces petits sacs en forme de poire, remplis d'une matière épaisse, furent placés dans l'eau, et bientôt celle-ci pénétra dans l'intérieur par la grosse extrémité, s'y avança peu à peu en chassant la matière épaisse par l'ouverture pointue qui était ouverte.

Il devenait donc de plus en plus évident qu'une ampoule dont les parois sont perméables, qui est remplie d'un liquide épais, et plongée dans de l'eau, attirait celle-ci dans son intérieur avec force. C'est ce que M. *Dutrochet* acheva de rendre évident. Il employa pour cela un intestin de jeune poulet, qu'il remplit d'une dissolution de gomme et qu'il ferma en l'attachant fortement de manière à former une sorte de vessie. Ce corps d'abord pesé fut ensuite plongé dans l'eau, et ne tarda pas à se gonfler de telle sorte que peu d'instans après il avait acquis un poids beaucoup plus considérable. Ces expériences furent variées de mille manières, avec différens corps et différentes dissolutions ; il resta démontré que lorsque deux liquides de nature différente sont séparés par une lame perméable, il s'établit un double courant, c'est-à-dire que chacun de ces liquides filtre à travers la lame pour se porter vers l'autre ; mais toujours l'un des deux courans est beaucoup plus fort et l'emporte tellement sur son antagoniste qu'il passe de son côté.

Si donc un globule est dans l'eau, et qu'il contienne un liquide épais, l'eau y pénètre ; il se forme un phénomène d'*absorption* que M. Dutrochet a désigné du nom d'*endosmose*; l'eau pénètre dans le globule. Que si au contraire l'eau était contenue dans le globule, et que celui-ci fût plongé dans un liquide épais, il ne tarderait pas à se vider de l'eau qu'il contient ; ce second phénomène, connu déjà sous le nom d'*exhalation*, a été nommé par le même auteur *exosmose*, par opposition au précédent.

M. *Dumortier*, dans un mémoire inséré

parmi ceux des *curieux de la nature*, suppose que la *monade*, qu'il considère comme le globule élémentaire, est le point de départ des deux règnes, qu'il sert à former les végétaux aussi bien que les animaux. Seulement, dans les premiers, l'organisation se développerait du centre à la circonférence, c'est-à-dire que les globules monadaires s'ajouteraient les uns aux autres en tendant vers l'extérieur, tandis que dans les seconds la formation aurait lieu en sens inverse et de la circonférence au centre. Le motif de ces deux tendances opposées, est tout entier dans l'acte d'*alimentation*, premier besoin de tout être organisé. En effet, c'est autour de lui, dans le milieu ambiant, que le végétal cherche sa nourriture, et c'est par la surface de ses feuilles ou par l'extrémité de ses racines qu'il se met en contact avec l'aliment. L'animal au contraire, dans son état de plus grande simplicité comme dans sa plus grande complication, renferme cet aliment dans son sein, il est comme bâti autour de lui, reste sur sa face extérieure et entièrement libre et inoccupée, s'il est possible de s'exprimer ainsi.

Ces animaux simples que nous avons parcourus jusqu'à présent, ne consistent-ils pas au fond en de simples sacs alimentaires ? Cette multitude de microscopiques, de polypes, de vers et d'ascalèphes ne sont-ils pas autant d'*es-tomacs* plus ou moins variés dans leurs formes? La cavité stomachale n'est pas unique dans quelques cas ; elle constitue comme un assemblage infini d'*estomacs* dans quelques microscopiques où elle prend l'aspect d'une grappe, visible seulement quand l'animal a avalé quelque liquide ou quelque aliment coloré, selon les observations d'Ehreinberg. Trembley avait aussi déjà observé que les grains qui forment les polypes sont autant de vésicules qui se remplissent, dès que l'animal mange, du suc nourricier qu'il a avalé. « Il est très apparent, dit-il, que ce sont autant de *vésicules* dans lesquelles ce suc est introduit, peut-être par une espèce de succion.» C'est dans ce sac comme dans un vase clos que les sucs sont absorbés par la surface de l'estomac pour la *nutrition* de l'animal, et le phénomène qui sert de moyen pour parvenir à ce but se nomme dans ce cas *digestion:* c'est la dissolution et la préparation de la substance alimentaire qui est divisée en deux parts, l'une propre à être transformée en la substance même de l'être qui s'en nourrit, l'autre inutile et destinée à être rejetée au dehors.

Dans une plante, les choses ne se passent point ainsi : les globules s'ajoutent bout à bout t toujours à l'extérieur et en séries linéaires, comme nous l'avons vu dans la recomposition de ces conferves, dissoutes en globules monadaires. Les végétaux plus compliqués se composent de faisceaux de ces séries ou fibres, qui sont creusées en canaux destinés à la circulation des liquides. Quand des globules sont ainsi disposés en séries, lors de leur accroissement et pendant le gonflement produit par le phénomène d'*endosmose*, les points par lesquels ils se touchent sont autant de cloisons qui finissent par se détruire, et lorsque cette suite de cloisons n'existe plus, toute la ligne des globules est devenue un petit canal. C'est à l'extrémité de celui-ci que se trouvent le premier ou les premiers globules qui forment la *spongiole* des racines, et qui servent ensuite d'agent d'impulsion à l'ascension de la sève. Ce mouvement a même été imité de toutes pièces par M. *Dutrochet*, qui, ayant fixé un tube de verre à une ampoule d'intestin de poulet, remplie d'une dissolution de gomme, la plongea ensuite dans l'eau et ne tarda pas à voir celle-ci s'élever dans le tube au-dessus de son niveau et enfin s'écouler par l'ouverture supérieure en gouttelettes, comme on voit le suc laiteux des euphorbes jaillir quand on vient à couper la tige. Mais quelles que soient les analogies ou les dissemblances qui peuvent existent entre le règne végétal et le règne animal, c'est de ce dernier que nous devons exclusivement nous occuper ici.

Quoique les plantes se nourrissent tout aussi bien que les animaux, on voit que le procédé préliminaire de cet acte, c'est-à-dire la *digestion*, diffère essentiellement dans les uns et dans les autres. La matière alimentaire est contenue dans l'intérieur du corps chez les animaux, elle doit donc être prise et maintenue ; aussi voyons-nous paraître, à l'extérieur de ceux-ci, des appendices plus ou moins marqués, tels que des tentacules, des lèvres, des bras, ou des franges de toute espèce, propres à saisir la proie et à l'introduire dans la cavité digestive. En même temps que ces membres apparaissent, la *sensibilité* et le *mouvement* deviennent manifestes, d'une part, et de l'autre les fluides se creusent des voies particulières, de petits vaisseaux capables de les contenir, et la circulation s'établit.

La *sensibilité* est une des premières nécessités de l'être animé : sans elle il ignorerait la présence des élémens de sa nourriture, rien ne l'attirerait vers elle, rien ne l'obligerait à la retenir. Mais que serait la *sensibilité*, sans la faculté de se mouvoir? Sans but et sans r moyens, en concevrait-on l'existence? Aussi les globules animés jouissent de la faculté de se rapprocher les uns des autres sans la moindre impression, et de là résulte le phénomène de *contraction* des tissus animaux, comme on l'observe déjà chez ces *protées* si simples dont la substance peut si bien s'étendre ou se raccourcir. Deux systèmes d'organes naissent de ces deux besoins, celui des sensations qui a été appelé *système nerveux*, et celui du mouvement, ou *système musculaire*.

Les *nerfs* sont de petits filets blancs formés d'une matière pulpeuse, molle, renfermée dans une gaine membraneuse ; ces nerfs ne sont point apparens chez les êtres les plus simples, quoique M. Ehreinberg, cependant, les ait observés et décrits dans certains animaux microscopiques. Mais dans les classes plus élevées de zoophytes, tels que les échinodermes et plusieurs vers intestinaux, on voit des filets nerveux aboutir à un, ou à plusieurs petits renflemens de la même substance que l'on a désignés sous le nom de *ganglions*. La pulpe nerveuse, examinée au microscope, est entièrement formée de petits globules remplis de matière blanchâtre.

Quant au *système musculaire*, il est constitué par des faisceaux de *fibres*, faisceaux

aplatis chez les animaux des classes inférieures, comme des rubans fixés par les deux
bouts, doués de la propriété de se raccourcir
en se contractant, et de mouvoir ainsi l'animal. Ces faisceaux portent le nom de *muscles*.
La fibre qui compose les muscles est elle-
même constituée par une série de cellules
alongées et cylindriques, dans l'intérieur
desquelles se dépose une matière particulière.
Ces fibres existent concurremment avec des
filets nerveux qui se ramifient entre elles et
semblent servir d'agent excitateur du mouvement. Des expériences ont été tentées par
MM. *Prévost* et *Dumas* pour reconnaître le
mode de contraction de la fibre musculaire.
Ils l'ont vue sous le microscope se disposer en
zig-zag dans le mouvement de contraction et
opérer ainsi un raccourcissement dans sa
longueur. Au sommet de chacun des angles
du zig-zag aboutit un filet nerveux. Ces auteurs ont pu observer le phénomène de contraction avec beaucoup de facilité, en l'exci-
tant au moyen d'un courant électrique dirigé
dans le muscle au moyen des nerfs. Quelle
que soit l'opinion que l'on voudra avoir sur
ces observations et sur leur plus ou moins de
certitude, ce qui reste incontestable, c'est que
la fibre, en se contractant, se raccourcit et prend

en même temps de l'extension dans le sens de sa largeur.

Le contact de l'air est indispensable à toute existence organisée. Les plantes absorbent, le jour, l'acide carbonique qu'il contient, et, la nuit, son oxygène. Personne n'ignore qu'un animal meurt dès qu'il est privé d'air. On a bien prétendu citer l'exemple de certains crapauds qui avaient été trouvés vivans, après avoir resté plusieurs années renfermés dans des pierres ou des murailles et totalement privés d'air, mais les expériences de M. Edwards ont démontré combien la chose était peu probable. Ayant renfermé plusieurs de ces animaux dans du plâtre pendant quelques jours, lorsqu'il vint à casser celui-ci, il retrouva les crapauds vivans ; mais pensant que l'air s'introduisait par les pores de la matière dont il se servait, il prévint cette circonstance en mettant une couche de vernis sur quelques-uns des plâtres. Peu de temps après, tous les crapauds dont l'enveloppe avait été enduite de vernis furent trouvés morts, tandis que les autres étaient encore tous vivans. Il n'était donc plus possible de douter que l'air ne fût indispensable à la vie, seulement on pouvait croire que dans ce cas, son contact avec la peau était suffisant, car il n'était guère possible de supposer que l'animal l'eût avalé pour respirer.

L'action de l'air s'exerce par un mode inconnu, peut-être par toute la surface du corps, chez les animaux les plus simples. Mais chez ceux dont l'organisation est plus avancée, cette fonction se centralise en formant un système d'organes particulier appelé *système respiratoire*, et l'acte qu'il exécute est connu sous le nom de *respiration*. Dans la grande division des zoophytes, ce n'est guère que parmi les êtres les plus avancés et quand on en vient à la classe des échinodermes, que l'acte respiratoire devient bien manifeste. Là il s'exécute comme nous l'avons vu au moyen de franges particulières qui sont plus spécialement destinées à recevoir l'influence de l'air tenu en dissolution dans l'eau où vivent ces animaux, franges qui ont reçu le nom de *branchies*. Mais ce n'est guère que dans les êtres plus parfaits dont l'étude va suivre, qu'il sera possible de bien apprécier la fonction de la respiration.

A mesure que l'organisation se complique, les fluides nourriciers résultant de la digestion sont contenus dans de petits canaux, où ils cheminent, soit pour aller dans l'appareil respiratoire, recevoir l'influence vivifiante de l'air, soit pour aller se distribuer dans tous les organes afin de les nourrir. Ce mouvement continuel de liquides animaux a reçu le nom de *circulation*. Cette fonction est donc destinée à pomper les fluides nourriciers, à les mettre en contact avec l'air, et enfin à les distribuer dans tout le corps, pour opérer le grand acte de la *nutrition*.

Après ce mouvement circulatoire des fluides, et l'acte de nutrition qui le suit, ceux-ci traversent divers organes appelés *glandes*, dans lesquels s'opère une séparation de leurs matériaux. Cette séparation constitue un nouvel acte appelé *sécrétion* que nous aurons l'occasion d'observer plus distinctement dans les animaux d'un ordre plus avancé. Chez les zoophytes, il ne consiste guère qu'en quelques dépôts pierreux ou cornés, tels qu'on les voit dans les nombreux polypiers, ou les concrétions que l'on remarque sur la périphérie des échinodermes.

Tels sont les actes fondamentaux qui constituent les êtres animés et les principaux systèmes d'organes destinés à accomplir ces mêmes actes.

La *nutrition* est le plan sur lequel la nature semble travailler autant pour les végétaux que pour les animaux : c'est elle qui seule développe et conserve les existences individuelles. Elle est immédiate et puisée directement dans les milieux ambians pour les premiers; pour les autres elle s'accomplit au moyen d'une *digestion* qui elle-même entraîne la *sensibilité* et le *mouvement*. Dans les plantes, comme dans les êtres animés, la *respiration* ou l'influence de l'air est indispensable; la *circulation* des fluides et les *sécrétions* qui en sont la suite complètent les systèmes de la vie individuelle. Enfin, un dernier acte qui est en quelque sorte la résultante de toutes les autres forces combinées, et comme l'excès de la vitalité de l'individu employé au profit de l'espèce, c'est la *reproduction* ou *génération*. On peut résumer ainsi qu'il suit tous ces différens phénomènes de la vie :

NUTRITION ,

(*ou vie individuelle.*)

Digestion.	Respiration.
Sensibilité, mouvement.	Circulation, sécrétions,
(*Facultés propres aux animaux.*)	(*Facultés communes aux animaux et aux plantes.*)

REPRODUCTION ,

(*ou vie de l'espèce.*)

Ce sont là les élémens qui entrent dans la composition des êtres vivans ; mais ils varient dans leur disposition et dans leurs proportions dans toute la série animale, comme nous le verrons plus tard, et contribuent très inégalement à la variété des formes des différens êtres.

Un tissu particulier sert comme de lien aux différens systèmes d'organes, dont nous venons de donner la notion ; il est aussi un des premiers développés. Ce tissu que nous avons déjà fait connaître en parlant des acalèphes, qui en sont presque uniquement formés, est le *tissu cellulaire* dans les aréoles duquel se déposent, soit des liquides, soit des sucs graisseux dans des classes d'animaux plus élevés. Il se rapproche en lames qui se resserrent souvent assez pour former ces membranes solides qui constituent les intestins des échinodermes tels que les *siponcles*, et le *mésentère* qui retient ces mêmes intestins à la surface du corps. Ces lames ont une disposition particulière qui constitue la *peau* ou l'enveloppe extérieure, sur laquelle sont *sécrétées* quelquefois des matières cornées ou pierreuses de formes diverses. En un mot, ce tissu est comme la gangue au sein de laquelle se forment tous les systèmes d'organes, et la matière qui sert à les former.

La connaissance du jeu de ces fonctions vitales dans leur rapport avec les élémens physiques au milieu desquels vivent les êtres organisés et que l'on nomme *physiologie* (1), est une des plus indispensables au naturaliste; car elle est la nature elle-même en action, comme l'indique son propre nom, action que l'on borne ici cependant à ce qui se rapporte spécialement aux êtres organisés. L'étude particulière des organes qui exécutent les fonctions de la vie, prise indépendamment de leur jeu, a donné lieu aussi à une branche spéciale de connaissances qui porte le nom d'*anatomie* (2), mot qui signifie dissection. L'on conçoit combien il serait difficile d'isoler ces deux sortes d'études pour arriver à la connaissance des êtres qui composent le domaine de la zoologie, et combien c'est dans l'action même des organes, dans les lois primitives et les causes générales de leurs variations de formes, plutôt que dans l'étude minutieuse et stérile d'un trop grand nombre de faits, de détails et de nuances d'aspect, que doivent se porter les recherches du naturaliste. Aussi nous avons cherché à donner d'abord une idée de ce qui

(1) De φυσις nature, et de λογος discours.
(2) De ανα dans ou à travers, et de τομη section.

constitue le fonds de toute organisation animale, et la connaissance des êtres les plus simples, des zoophytes, suffisait à cette étude ;
car parmi eux se trouvent des animaux dont
la structure est déjà assez compliquée pour
que chaque fonction soit nettement dessinée.

Lorsque l'organisation se compliquera de
plus en plus et que les formes se diversifieront
davantage, alors aussi nous chercherons à
nous expliquer les causes de tant de variations.
Toujours la nature pour nous sera active et
vivante ; notre rôle ne doit point se borner à
enregistrer des faits et à exiger des efforts de
mémoire : comprendre est notre but. Trop
long-temps l'histoire naturelle ne fut pour
beaucoup d'hommes que la notion d'un plus
ou moins grand nombre d'êtres, et la note
plus ou moins minutieuse des diverses proportions de leurs formes. Mais un temps arrive où les faits de détails abondent et où il
faut en tirer parti au profit de ces lois générales, de ces faits fondamentaux autour desquels viennent se ranger la multitude de
cas particuliers, pour le soulagement de la
mémoire et la satisfaction de l'intelligence.
Déjà nous voyons les nombreuses existences,
quelque variées qu'elles soient, rentrer dans
le cadre d'un petit nombre de faits principes,

et déjà partout aussi la nature féconde dans ses produits autant que simple dans ses moyens, vient justifier *Leibnitz* dans sa sublime définition de l'univers : *variété dans l'unité*.

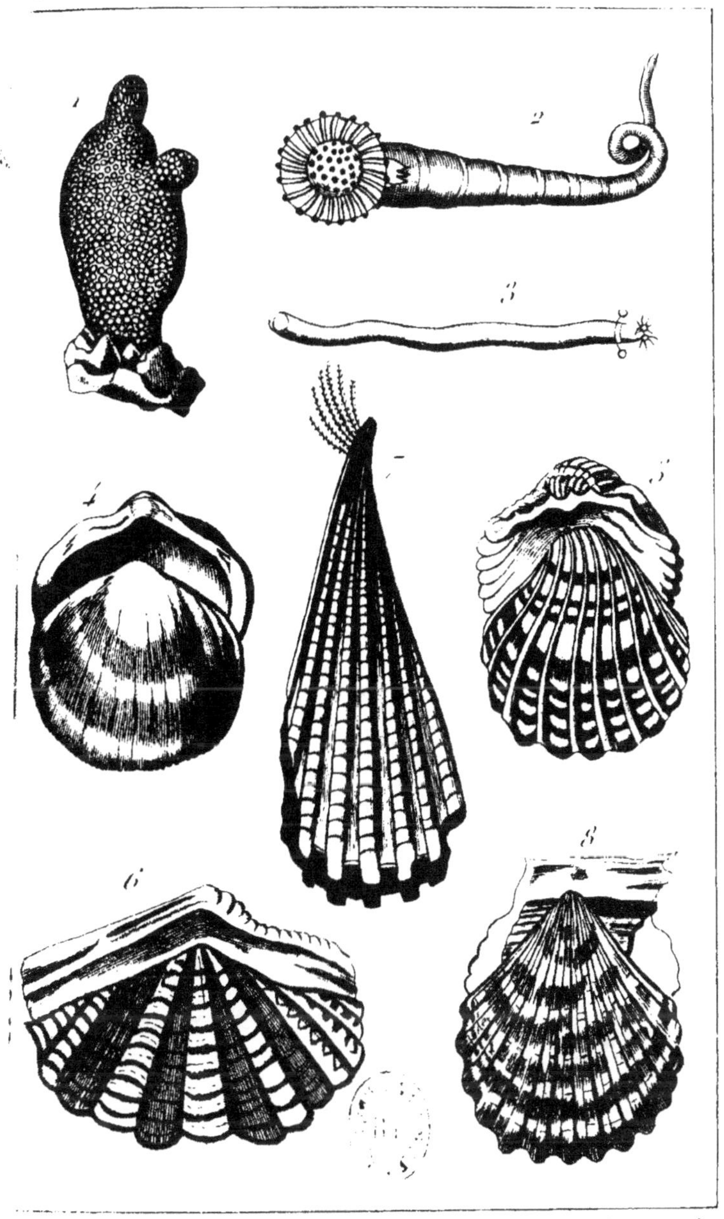

Danesne Sc.

CHAPITRE VII.

DES MOLLUSQUES.

CLASSE DES MOLLUSQUES ACÉPHALES (1).

LES BOTRYLLES.

On rencontre souvent fixée sur les corps
marins une croûte mince, gélatineuse et transparente qui rappelle fort bien certains polypiers ; cette croûte, formée d'animalcules
réunis par groupes de dix à douze individus
disposés autour d'une petite membrane circulaire, de manière à former en quelque

(1) Mollusques sans tête apparente.

sorte des étoiles ou des fleurs. Ce sont là des *botrylles*, animaux sur la nature desquels existent bien des doutes, et que l'on a souvent rangés parmi les polypiers.

Les *botrylles* ont été regardés par les uns comme un animal simple, dont les rayons seraient autant de tentacules ; par d'autres, comme un animal composé d'autant d'indivi-dus agglomérés qu'il y a de rayons autour de la membrane centrale. Voici du reste quelle est leur structure.

Chacun des rayons composant l'étoile est une sorte d'animalcule de forme ovale, tacheté ordinairement de pourpre et de bleu, mais dont la couleur peut varier du gris au jaune orangé ou au bleu indigo. L'une de ses extré-mités, un peu plus grosse, est libre et ter-minée par une bouche que l'on regarde comme destinée aussi à la respiration de l'a-nimal et garnie de *branchies* ; l'autre bout est aminci et se termine par un anus qui s'ouvre dans la membrane du centre.

La membrane centrale reçoit, à son tour, toutes les extrémités amincies des rayons, et leur forme une cavité commune plus ou moins susceptible de se dilater et de s'alonger en tube. Si l'on vient à irriter le centre de cette membrane, tous les rayons se contractent ;

mais si l'on n'en excite qu'un isolément, celui-là se contracte seul.

Les *botrylles* ont été tirés de la classe des polypes pour être rangés dans celle des mollusques sans coquille, par Desmarets et Lesueur, en 1815. Leurs espèces se distinguent en *botrylles étoilés* et en *botrylles conglomérés* qui se rapprochent beaucoup des *pyrosomes*.

LES PYROSOMES.

Ceux-ci sont réunis en très grand nombre pour former un grand cylindre creux, ouvert par un bout, fermé par l'autre, et qui, semblable aux *pennatules*, nage dans la mer par les dilatations et les contractions simultanées de tous les animaux qui le composent. La disposition d'ailleurs est la même que celle des *botrylles*, seulement ici c'est le côté pointu qui se trouve en dehors et percé d'une bouche. Le côté le plus épais est fixé au tube qui est tout hérissé de ces animaux. Cuvier compare un *pyrosome* à un grand nombre d'étoiles de *botrylles* enfilées les unes à la suite des autres, mais dont l'ensemble serait mobile.

Ces animaux vivent dans les mers, on en

voit quelques espèces fort grandes ; ils ont la propriété de jeter pendant la nuit de brillantes lueurs phosphoriques.

LES POLYCLINES.

Ici se présentent encore de nouvelles aggrégations d'animaux, semblables à des fleurs, ou à des *actinies*, et qui ne diffèrent des précédentes que parce que la bouche et l'anus sont rapprochés vers la même extrémité. Une masse gélatineuse ou membraneuse occupe aussi le centre, et les viscères des individus composant les rayons s'y prolongent plus ou moins. La plus grande ressemblance existe entre ces animaux et la plupart des polypiers, et les alcyons en particulier avec lesquels on les avait toujours confondus. Le rapprochement est même tel que d'après les observations de M. de Blainville et de MM. Audoin et Milne Edwards, les *eschares* devaient être rangés parmi les mollusques, à côté des *polyclines*.

LES ASCIDIES.

Les *ascidies* ne forment plus des animaux composés ; elles sont une sorte de sac isolé fermé de toutes parts, ce qui les a aussi fait nommer *outres de mer*. Un des côtés demeure pour toujours fixé aux rochers sous-marins

et quelquefois seulement sur le sable des rivages, l'autre est libre et pourvu de deux
ouvertures situées à des hauteurs différentes,
assez rapprochées l'une de l'autre. Toute la
surface est formée d'un *manteau* membraneux et coriace.

Le corps de l'animal est suspendu dans
l'intérieur de cette première enveloppe par des
membranes qui s'attachent aux deux ouvertures. L'eau pénètre par l'une dans le
corps, qui se compose en grande partie
d'un réseau de vaisseaux appelé *branchies*, et sort par la seconde. Vers le fond
du sac se trouvent les viscères qui consistent en un tube digestif, un foie qui environne l'estomac, un cœur et deux ganglions
nerveux.

On connaît peu la génération de ces animaux;
mais il est présumable qu'elle ressemble beaucoup à celle de tous ceux que nous connaissons déjà, et qu'elle peut avoir lieu,
soit par des bourgeons, formés sur le corps de
la mère, soit par des œufs qui se détachent du
corps et sortent en perçant les enveloppes.

L'*ascidie* passe sa vie à absorber par la plus
saillante de ses ouvertures l'eau de la mer, et
à la rejeter par l'autre; ainsi s'opèrent à
la fois sa respiration et sa nutrition. On sent

qu'ainsi fixée et dépourvue de moyens d'attaque, ses mœurs offrent peu de chose à observer. On sait seulement que lorsqu'on vient à l'inquiéter, elle lance quelquefois par les deux ouvertures à la fois l'eau qu'elle contient, et avec assez de force pour la rejeter jusqu'à une distance d'environ un mètre.

On trouve des ascidies dans toutes les mers ; quelques espèces sont employées comme aliment.

LES BIPHORES.

Comme les *ascidies*, les *biphores* ont deux enveloppes, l'une extérieure, épaisse et cartilagineuse, l'autre intérieure, mince et membraneuse. Ces deux enveloppes sont tellement transparentes qu'on peut distinguer au travers la structure de l'animal. Celui-ci vit au-dedans comme dans une sorte de coquille; il paraît même qu'il en est assez indépendant pour sortir tout-à-fait au dehors sans souffrir.

Le corps du *biphore* est un peu alongé et présente une ouverture à chaque extrémité, tout aussi bien que son *manteau* et l'espèce de test cartilagineux qui le recouvre, ce qui a valu à cet animal le nom de *biphore*.

L'une de ces ouvertures est antérieure et

sert à l'entrée de l'eau qui y pénètre pour l'alimentation et la respiration de l'animal. Du côté de l'anus se trouve une ouverture très large, pourvue d'une *valvule* ou petite soupape placée en dedans des enveloppes, qui permet à l'eau d'entrer sans permettre sa sortie par la même voie. Des bandes charnues et contractiles embrassent le manteau et servent à le contracter, en sorte que lorsque l'animal est rempli par l'eau absorbée par l'ouverture postérieure, il la presse de toutes parts et la chasse avec force par l'ouverture située en avant. C'est là le seul moyen qu'il ait de se mouvoir ; il est sans cesse repoussé en arrière par ce jet qui agit alors de la même manière qu'une fusée.

Les *biphores* se trouvent dans les mers de tous les pays, où on les voit souvent, après leur naissance rester long-temps unis les uns aux autres par séries, formant une longue chaîne qui vogue au sein des eaux. C'est toujours à une distance considérable des côtes, par les temps calmes et les jours les plus chauds que se montrent ces animaux. Alors ils viennent briller au soleil de toutes les nuances de l'iris, ou jeter pendant la nuit sur les vagues les plus éclatantes lueurs.

§ 2ᵉ. — *Mollusques Acéphales pourvus de coquilles.*

LES HUITRES.

n'est peut-être pas de coquillage plus répandu et plus généralement connu que l'*huître*. Aussi choisissons-nous de préférence ce genre d'animaux pour donner, par sa description, une idée des *mollusques acéphales*, qui, sauf les genres que nous venons de voir, présentent tous, plus ou moins nettement, un animal renfermé dans une coquille formée de deux parties. Chacune d'elles se nomme *valve;* aussi presque tous les acéphales dont il s'agit ont-ils des coquilles qui portent le nom de *bivalves*.

L'huître, comme on le sait, est caractérisée par deux *valves* irrégulières, très épaisses, comme feuilletées et de grandeur inégale. Ces deux valves sont réunies d'un côté par une charnière qui leur permet de se mouvoir l'une sur l'autre comme une boîte munie de son couvercle. Dans la position naturelle de l'huître, la plus grosse des deux valves, celle qui est bombée est en dessous, la plus petite qui est ordinairement plane occupe la partie supérieure. C'est par la partie de la coquille inférieure qui avoisine la charnière et qu'on nomme le *talon* que l'huître se trouve ordinairement fixée aux corps marins, sur lesquels elle passe sa vie dans un état complet d'immobilité, attendant que le flot de la mer lui apporte les particules alimentaires dont elle se nourrit.

Lorsqu'on écarte les valves de la coquille, ou que l'huître vient d'elle-même à s'entrouvrir, on voit un faisceau charnu, une sorte de bras qui se fixe en travers, d'une valve à l'autre; c'est un muscle destiné par sa contraction à fermer la coquille. Lorsque l'huître est vivante, la contraction est si puissante qu'on est obligé de couper ce muscle, afin de séparer les valves, et on en voit très bien les vestiges, seules parties qui soient adhérentes à la coquille, lorsqu'on sert ces animaux sur nos tables.

Autour de ce muscle est le corps, enveloppé de son *manteau* qui s'étale en deux lames membraneuses sur chaque valve, et dont les bords sont noirâtres et comme frangés par une infinité de petits cils ou tentacules fort mobiles. Le corps de l'huître laisse apercevoir sous son enveloppe une tâche brunâtre qui n'est autre chose que le foie. Tout autour rampe le canal intestinal, qui a son entrée composée d'une bouche, entourée de quatre petits feuillets servant au tact, située d'un côté de la charnière, et sa sortie sous le manteau du côté opposé. Tout près du grand muscle se trouve le cœur dont on voit quelquefois très bien les battemens lorsqu'on laisse l'huître que l'on observe dans l'eau de la mer.

Entre les deux lames du manteau, on voit le long du corps, étendus de la bouche à l'anus, quatre feuillets membraneux demi-circulaires : ce sont les organes de la respiration ou les *branchies*. Ces feuillets flottent dans l'eau et sont formés d'un grand nombre de petits tubes fort déliés dans lesquels le sang vient se mettre en communication avec elle pour y absorber l'air qu'elle tient en dissolution ; puis, de là, il retourne par des canaux de plus en plus gros vers le cœur, qui le chasse à son tour dans tous les organes pour opérer leur nutrition.

Le moyen de propagation des huîtres n'est pas connu : on ignore si elles possèdent des sexes distincts ; mais ce qu'on sait très bien, c'est qu'au commencement du printemps, elles jettent leur frai qui s'attache à tous les corps environnans, semblable à une gelée blanchâtre dans laquelle on aperçoit, au moyen d'une loupe, une multitude de petites huîtres déjà toutes formées et munies de leurs valves. La fécondité de ces animaux est telle que quatre mois après leur naissance, les petites huîtres sont déjà en état de se reproduire.

L'huître fixée sur son rocher n'a point d'autre soin à prendre pour sa conservation que d'ouvrir ses valves pour recevoir l'aliment que lui apporte le flot, comme nous l'avons dit, et à les renfermer pour se soustraire à ses ennemis. On cite à ce sujet une espèce de crabe qui, dit-on, jette de petites pierres entre les valves lorsqu'elles sont entrouvertes, afin de les empêcher de se refermer et d'en faire par ce moyen sa proie facilement et sans danger. L'huître ferme ses valves en contractant son muscle central ; il lui suffit de le relâcher pour les ouvrir, car entre elles et tout près de la charnière se trouve un petit ligament très élastique qui, dans leur rapprochement, se trouve comprimé, mais qui, après que l'action des muscles a cessé, écarte les valves par son effort d'expansion.

Les huîtres, à ce qu'il paraît, étaient déjà

connues et employées comme aliment chez les anciens. On sait qu'ils avaient des moyens de les engraisser et de les conserver long-temps comme nous le faisons nous-mêmes dans nos parcs, ou on les apporte des côtes d'Angleterre où de Hollande. Les départe-mens maritimes de l'Ouest sur nos côtes en fournissent aussi une grande quantité qui, pour la pulpart, servent à l'approvisionnement de Paris. En remontant vers le Nord, à Dieppe et jusqu'à Ostende, on trouve des parcs aux huîtres où ces animaux sont élevés de manière à présenter au goût une chair plus agréable. Ces parcs ne sont autre chose que de grands étangs qui, dans les fortes ma-rées, se remplissent d'eau de mer : les huîtres y sont réunies en grand nombre et s'y en-graissent aisément à cause de la stagnation de l'eau qui permet à une multitude de plantes d'y croître et de s'y décomposer ou d'y don-ner naissance à une foule d'animaux infusoi-res, à tel point que ces eaux sont quelque-fois verdâtres et que l'huître elle-même se teint de cette matière colorante; ce qui a fait souvent donner à ces huîtres parquées le nom d'huîtres vertes.

Les huîtres varient beaucoup en dimension et en espèces : Lamarck en admet jusqu'à trente-trois, parmi lesquelles nous citerons seulement l'*huître commune* ou *huître comestible* que tout le monde connaît et que l'on mange, et l'*huître pied-de-cheval*, que l'on mange aussi, quoique moins bonne que les précédentes ; elle est plus large, habite la Manche et est très commune à Boulogne-sur-Mer.

LES PEIGNES.

Les coquilles dont il s'agit ici sont aussi nombreuses en espèces que brillantes en couleurs, et remarquables par la légèreté et la grâce de leurs formes ; elles sont composées de deux valves inégales, demi-circulaires, presque toujours régulièrement marquées de côtes qui se rendent en rayonnant du sommet de chaque valve vers les bords. De chaque côté de la charnière se trouve une petite lame plate qui fait suite à la coquille et à la charnière qu'on nomme *oreillette*. Les valves ici ne sont plus épaisses et feuilletées comme chez les huîtres ; elles sont en général minces, de même grandeur, quoique inégalement bombées, la supérieure étant presque toujours aplatie. Ces coquilles sont fort connues sous le nom de *manteaux* ou de *pélerines*, à cause de l'usage qu'en font les pélerins en les attachant à leurs habits. L'animal contenu dans les valves présente une structure en tout semblable à celle des huitres : il y a de même un manteau ouvert, recouvrant quatre feuillets branchiaux semi-circulaires. La bouche est entourée de petits appendices charnus irrégulièrement ramifiés.

Les *peignes* n'adhèrent point comme les huitres, ils sont entièrement libres, et nagent avec assez de vitesse, en fermant subitement leurs valves. Les anciens avaient déjà avancé ce fait que les naturalistes modernes ont confirmé aujourd'hui; on prétend que par la seule agitation de leurs valves, ils peuvent, lorsqu'ils sont à sec, regagner le rivage. Les pêcheurs attestent qu'ils échappent aussi facilement de leurs mains et qu'ils s'élancent dans la mer. On assure même que les peignes viennent quelquefois à la surface de l'eau, qu'ils entrouvrent alors leurs coquilles de manière à ce que la valve supérieure serve de voile, tandis que l'inférieure sert de nacelle.

Ce coquillage forme par ses riches couleurs un des plus beaux ornemens de nos collections; on le recherche aussi comme un mets très agréable dans beaucoup de pays mariti-mes. Parmi ses nombreuses espèces on peut remarquer : le *peigne gigantesque* qui est fort grand, dont les valves sont rougeâtres, l'inférieure convexe, la supérieure plane; le *peigne Saint-Jacques*, moins grand que le précédent, mais ayant avec lui beaucoup de rapport, souvent agréablement varié dans ses couleurs et très commun dans la Méditerranée, sur les côtes d'Espagne et de Portugal. Enfin, on peut se faire une idée de la variété des espèces de *peignes* par quelques-uns des adjectifs qui servent à les désigner. Tels sont les suivans : *Peignes, pourpré, manteau blanc, rateau, sillonné, unicolor, gris, côtes distantes, coraline, isabelle, manteau ducal, tigre, arlequin, rayé, rayonnant, ondé, orangé, bigarré, fleurissant, sanguin, transparent, cerise, vermillon, citron, palmé, cadran, nain,* etc.

LES SPONDYLES.

Les *spondyles* ont beaucoup de rapports avec les huitres; leur coquille est raboteuse,

et aussi formée de lamelles très peu adhérentes entre elles, cette coquille est même quelquefois hérissée d'aspérités, ce qui lui a fait donner
le nom d'*huître épineuse*. Mais les spondyles
diffèrent principalement des *huîtres* et des
peignes, en ce que, outre le ligament analogue à celui des huîtres, il y a près de la charnière à chaque valve deux dents, entrant
dans des fosses de la valve opposée.

L'animal ne diffère pas des précédens ;
comme eux il a un manteau garni de deux
rangées de tentacules, dont on voit quelques-
uns dans la rangée antérieure terminés par
des tubercules colorés. On remarque entre
les deux feuillets du manteau un appendice
charnu semi-lunaire au centre duquel pend
un filet terminé par une masse ovale, et dont
on ignore complètement les usages.

Les *spondyles* vivent comme les huîtres
fixés aux corps marins, comme elles aussi
ils sont un aliment agréable et délicat.
Leurs coquilles teintes des plus vives couleurs, offrent dans les collections un assemblage brillant et varié.

LES MARTEAUX.

Ce sont en quelque sorte des huîtres dont la forme ressemble assez à celle d'un marteau, ce qui leur a valu ce nom; Linnée n'en formait pas un groupe à part, il les rangeait parmi les huîtres. La coquille représente assez bien deux branches dont l'une serait fixée en travers et par son milieu, à l'extrémité de l'autre comme une masse sur son manche pour former le marteau. Un caractère particulier les distingue surtout des huîtres, c'est que les marteaux se fixent aux corps marins par une sorte d'aigrette composée de filamens velus et solides, qui sort de la coquille près de la charnière en y imprimant une échancrure, aigrette qui porte le nom particulier de *byssus* dans tous les coquillages bivalves qui en sont pourvus. La charnière se trouve placée sur un des côtés de la branche transversale, de manière que l'extrémité du manche est l'endroit par lequel s'ouvre la coquille.

Les marteaux sont des coquillages fort chers et fort rares que l'on trouve particulièment dans la mer des Indes: l'animal qui les habite est encore inconnu.

LES ARONDES.

Ces coquilles, appelées *avicules* par Brugnières et par Lamarck, se rapprochent, par l'aspect, des *huîtres* et des *marteaux*, dont elles diffèrent par la forme de la charnière qui présente, seulement dans la plus grande valve, une callosité alongée avec un long sillon au-dessous du ligament, et dans l'autre, une cavité destinée à recevoir cette protubérance; les bords de cette charnière sont droits et se prolongent quelquefois en ailes aplaties sur les côtés. L'animal, comme dans les marteaux, est pourvu d'un *byssus* ou faisceau, semblable à un petit arbre, qui sert à fixer la coquille aux rochers.

Cuvier divise les *arondes* en deux groupes, dont l'un contient les *pintadines* de Lamarck, c'est-à-dire les espèces dont les ailes ou oreilles de la charnière sont moins saillantes; et l'autre, les *avicules* ou celles dont les ailes sont plus pointues et la coquille plus oblique. Ce genre est d'ailleurs peu intéressant, et s'il trouve place ici, c'est surtout parce qu'on lui doit une espèce fort célèbre, *l'aronde aux perles*, dont nous tracerons en quelques mots l'histoire.

L'*aronde aux perles* était connue autrefois sous le nom d'*huître aux perles* ou de *mère-perle*, parce que cette coquille produit en effet les véritables perles fines , aussi estimées que les diamans chez presque toutes les nations. Sa coquille est à peu près demi-circulaire, verdâtre en dehors et du plus bel aspect nacré en dedans. C'est cette nacre intérieure qui sert à fabriquer toute espèce d'ornemens et de bijoux; c'est elle aussi qui, par un accident tout particulier, que l'on suppose dû à une maladie de l'*aronde*, s'accumule souvent en un seul point pour y former une petite excroissance plus ou moins régulière qui constitue une perle précieuse. Cette régularité, soit qu'elle appartienne à une forme ronde, à une forme ovale ou en poire, est une des qualités estimées dans la perle, aussi bien que sa teinte et le brillant de ses reflets. On peut se figurer combien il est difficile d'assortir des perles d'une assez grande dimension et présentant toutes ces qualités ; la plupart du temps elles sont irrégulières et de peu de valeur : c'est alors ce qu'on nomme les *perles baroques* ; ou bien elles sont fort petites et portent le nom de *semences de perles*.

C'est principalement à Ceylan , au cap Comorin, et dans le golfe Persique qu'a lieu la pêche des *arondes perlières*. C'est au mois de février et jusqu'au mois d'avril que cette pêche a lieu ; des barques montées par les pêcheurs se réunissent de tous les pays environnans au lieu du rendez-vous, et attendent le signal qui leur est donné le soir par un coup de canon, pour s'approcher des bancs formés par les *arondes*. Arrivés là, des plongeurs se jettent à l'eau, et descendent dans la mer, se tenant à une corde à l'extrémité de laquelle est une pierre qui facilite leur descente. Ils sont munis d'un petit sac qu'ils remplissent de coquilles, puis ils tirent leur corde pour avertir et on les remonte aussitôt hors de l'eau. Les perles sont ensuite détachées des coquilles, et polies avec une poudre fournie par les perles mêmes, par les ouvriers noirs du pays ; elles sont ensuite livrées au commerce.

Les mers de l'Inde ne sont pas les seules qui fournissent des perles ; on en pêche aussi en Amérique, mais de qualité inférieure. D'autres bivalves que les *arondes* peuvent aussi en fournir, telles sont les *huîtres*, les *moules*, et différens coquillage d'eau douce, entre autres la *moule* du Rhin ; mais ces perles, ordinairement irrégulières, d'une teinte laiteuse et sans éclat, sont peu recherchées et d'un prix bien inférieur.

LES JAMBONNEAUX.

La couleur autant que la forme de ces coquilles a pu leur faire donner le nom de *jam-*
bonneaux. En effet, ce sont deux valves
égales, d'une teinte brune et enfumée, ayant
la forme alongée, large et renflée à l'une de
ses extrémités, amincie et pointue vers l'autre. Ces valves sont minces et demi-transparentes; elles sont sillonnées de cannelures
dans le sens de leur longueur et du sommet à
la base qui est étalée à la manière d'un éventail. Dans l'état frais, leur substance, qui est
plutôt cornée que calcaire, est flexible et ne
devient dure et cassante qu'après avoir été
desséchée. Les deux valves sont soudées
l'une à l'autre, par un ligament, sur l'un des
côtés et dans les deux tiers de sa longueur;
mais comme elles sont très flexibles pendant
la vie de l'animal qui les habite, leur élasticité
naturelle leur permet de s'entr'ouvrir et elles
restent ordinairement entre-baillées. Quelques
crabes nus et de petite espèce viennent y
chercher un abri et ont fait supposer par leur
fréquente présence dans l'habitation de ces
mollusques, qu'il y avait de la part de l'un et

de l'autre une association intelligente ; que le crabe, devenu pourvoyeur, venait, chargé de butin, avertir son hôte d'ouvrir ses battans pour s'y introduire et partager avec lui ; que celui-ci à son tour le protégeait contre ses ennemis en fermant sa coquille au moindre danger.

L'animal du *jambonneau,* que Poli nomme *chimère*, ressemble aux précédens ; il prend seulement la forme alongée de sa coquille, et de plus il a un pied en forme de langue, qui sort à la partie supérieure des valves, pour filer un *byssus* long et très soyeux. L'animal se sert du *byssus* pour se fixer au fond des eaux, sur les rochers peu éloignés du rivage; on prétend même qu'il emploie son pied à se mouvoir, qu'il change ainsi de place et peut filer aussi un nouveau *byssus*.

Ces *jambonneaux* n'ont d'autre utilité, dans nos usages, que l'emploi qu'on fait dans certaines contrées de l'Italie des belles soies de leur *byssus* pour fabriquer des gants, des bas ou d'autres ouvrages de ce genre, très fins, lustrés et fort durables ; mais on conçoit combien la difficulté de se procurer ces soies en assez grande quantité, en fait un objet de curiosité plutôt que d'utilité.

Les espèces de ce genre sont peu nombreuses.

LES ARCHES.

Les *arches* sont des coquilles de forme ramassée et presque quadrilatère, se rapprochant un peu de celle d'un navire, ce qui leur a valu le nom qu'elles portent; une de leurs espèces a reçu même en particulier celui d'*arche de Noé*. Les valves ont une direction transversale et sont réunis par une charnière en ligne droite dans le même sens, mais qui offre cette particularité caractéristique de ce genre, que la lèvre de chaque valve au lieu d'être unie, est alternativement ondulée en travers de sillons et de saillies qui s'engrènent mutuellement. La surface de la coquille est sillonnée dans le sens de sa longueur et le bord des valves terminé par des crénelures très prononcées ; cette surface est aussi recouverte ordinairement d'une sorte d'épiderme velu.

L'animal qui produit les arches a été décrit par Poli sous le nom de *daphné* : il diffère des précédens en ce qu'il étend au-dehors, par un écartement de la partie supérieure de ses valves, des fils tendineux qui servent à le fixer aux rochers. Ces fils sont fournis par un pédoncule de substance cornée dont le corps de l'animal est muni,

Les nombreuses espèces qui composent le genre des *arches*, se trouvent en abondance dans le voisinage de presque toutes les côtes, les unes enfoncées dans le sable, les autres au-dehors. Elles servent d'aliment, mais elles sont peu recherchées pour la table.

LES MOULES.

Comme les *huîtres*, les *moules* sont d'un usage si répandu que personne n'ignore leur forme et ne saurait s'y méprendre. Autrefois beaucoup de coquillages d'eau douce ou marins étaient rangés dans ce groupe, mais aujourd'hui on ne donne plus ce nom qu'à des espèces toutes marines.

On trouve les *moules* réunies en masses considérables principalement sur les plages couvertes de rochers : ordinairement elles sont alors enveloppées comme les *arches* d'une sorte d'épiderme velu et épais, que l'on peut détacher assez facilement pour voir les teintes violacées quelquefois fort belles de leurs valves.

La coquille des moules est close, à valves

égales, bombées, en triangle. Un des côtés présente un angle fort aigu sur le côté duquel est la charnière munie d'un ligament étroit et alongé. La tête de l'animal est dans l'angle aigu; l'autre côté de la coquille, qui est le plus long, est l'antérieur, et laisse passer un *byssus* qui n'est pas long et soyeux comme celui des *jambonneaux*, mais court et grossier. Ce côté se termine par un angle arrondi.

La moule possède un pied en forme de langue qui sert à filer le byssus. Voici comment il exécute cette opération : lorsque l'animal veut filer, la pointe de ce pied se recourbe pour atteindre une matière épaisse, suintée par une glande située à sa base et la tire en longueur en la faisant filer. Ensuite il applique ce fil à la surface des corps environnans sur lesquels il doit se fixer. Cette liqueur gluante, devenue solide aussitôt qu'elle est filée, forme, en répétant cette opération plusieurs fois, la touffe de poils qui constitue le byssus, et qui fixe aux rochers les mollusques acéphales qui en sont pourvus.

La structure des *moules* ne présente pas d'ailleurs d'autres particularités, si ce n'est que leur corps n'est point traversé toujours par un seul muscle, comme nous l'avons observé dans les huîtres et d'autres coquillages, mais qu'il y en a un second, plus petit, en avant, près de l'angle aigu. Ces animaux se reproduisent comme les autres acéphales ; ils produisent au commencement du printemps un frai semblable à une gelée dans laquelle on découvre, à l'aide du microscope, une multitude de petites moules toutes formées, chacune avec sa coquille.

On parque les *moules* comme les *huîtres*, pour les engraisser, les rendre plus délicates et en faire un objet de commerce assez important. Elles sont fort en usage, comme on sait, sur nos tables, mais elles sont plus indigestes que les huîtres à cause du pied musculeux dont elles sont pourvues, qui les rend coriaces ; aussi-sont elles dangereuses quand on en mange trop. Les moules produisent encore quelquefois un effet singulier et fort connu. Un état de malaise suit souvent leur ingestion, puis la peau se tend et s'engourdit d'abord aux lèvres et au pourtour de la bouche ; l'enflure s'étend, et le corps est pris quelquefois d'un vaste érysipèle ; le vinaigre et les acides aident à dissiper cette maladie qui est d'ailleurs de courte durée. On ne connaît pas encore bien positivement la cause qui peut donner aux moules ces qualités malfaisantes. Pendant long-temps on a sup-

posé qu'elle était due à la présence d'une espèce
de crabes qui vient se loger dans la coquille
des *moules*, comme nous en avons vu se
loger dans celle des *jambonneaux*; mais on
est plus porté à penser aujourd'hui qu'il faut
attribuer ces accidens au frai vénéneux
d'une espèce d'étoile de mer, que les flots
apportent à la *moule* qui s'en nourrit.

LES ANODONTES.

Les *moules* d'eau douce, connues vulgairement sous le nom de *moules d'étang* ou de
rivière, composent le genre *anodonte*. Ces
coquilles, au lieu d'être de forme triangulaire
et longitudinale comme dans les moules, sont
transversales, ovales, et plus ou moins alongées. Les valves, en général, minces, légères,
demi-transparentes et recouvertes d'un épiderme brun ou verdâtre, acquièrent un assez
grand volume, leur intérieur a un aspect
nacré.

L'animal de l'anodonte est traversé par
trois muscles qui laissent un nombre égal
d'impressions dans chaque coquille; il a un
pied qui est très grand, comprimé à peu près
quadrangulaire, qui lui sert à ramper sur le

sable ou sur la vase, mais il se distingue par l'absence complète du *byssus*.

Ces coquilles offrent quelquefois dans leur intérieur des excroissances nacrées, analogues aux perles, mais qui sont sans usages. Les valves des *anodontes* n'ont d'autre emploi que de servir à écrémer le lait et à prendre le fromage dans le nord de la France ; elles sont fort connues en Picardie surtout, où en voit dans tous les marchés. Ces coquillages se mangent dans quelques pays ; mais la présence du pied musculeux les rend coriaces, et leur chair est fade et même désagréable, surtout lorsqu'ils ont vécu dans des eaux très bourbeuses.

Lamarck distingue quinze espèces d'*anodontes*. La plus connue est l'*anodonte des cygnes* ou *dilatée*, qui se trouve dans la plupart des lacs et des étangs de l'Europe.

LES MULÈTES.

Ce sont encore des moules d'eau douce vulgairement connues sous le nom de *moules des peintres*, mais dont on a formé un genre à part portant le nom de *mulètes*, principalement d'après la considération de leur charnière, qui est plus compliquée que celle des *anodontes*. La valve droite a en avant une courte fossette où pénètre une courte lame ou dent de la valve gauche, et en arrière une longue lame qui s'insère entre deux lames du côté opposé.

Les *mulètes* du reste diffèrent bien peu du genre précédent, elles habitent aussi les lacs et les étangs et sont appelées *moules d'étang* ou *de rivière*. L'animal n'en diffère nullement. Leur test est nacré et très brillant, au-dehors il est, comme dans les précédens, recouvert d'un épiderme verdâtre ou brun.

Ces coquillages vivent dans les rivières de l'Europe et dans celles des deux Indes ; ils se tiennent enfoncés dans la vase, et plusieurs d'entre eux fournissent d'assez belles perles. On peut remarquer ici ce que nous avons déjà vu bien des fois, que les espèces, qui sont fort nombreuses et qui, d'après Lamarck, ne s'élèvent pas à moins de quarante, se nuancent et se fondent les unes dans les autres et sont fort difficiles à caractériser dans le cours de leurs variations.

LES TRIDACNES.

Ce sont les plus monstrueux de tous les acéphales ; car l'une des espèces de ce genre, connue sous le nom de *tridacne gigantesque*, offre la coquille la plus grande et la plus pesante que l'on connaisse. On leur a donné quelquefois le nom de *tuilées* ou de *bénitiers:* elles sont, en effet, très souvent destinées à cet usage ; aussi en voit-on de forts beaux échantillons dans les églises et notamment dans celle de Saint-Sulpice à Paris, où sont les deux valves de l'une de ces grandes espèces, qui furent données à François Ier, par la république de Venise. Le poids de certains individus, qui ne va pas à moins de trois cents livres, peut donner une idée de leurs dimensions.

Les *tridacnes* ont peu été observées vivantes, mais on sait que leur animal possède un pied qui file un *byssus* tendineux, destiné à suspendre la coquille aux rochers, si gros et si tenace, qu'il faut pour la détacher, trancher celui-ci à coups de hache. La chair des *tridacnes* est dure et peu agréable à manger, mais tellement abondante dans les grandes espèces que si l'on en croit quelques voyageurs, un seul de ces animaux suffirait au repas de cent personnes.

C'est principalement sur les côtes de l'Inde que se trouvent ces coquilles remarquables par leurs côtes ou sillons formés d'écailles tuilées, se terminant à un bord fortement ondulé et par leurs couleurs, tantôt blanches, jaunâtres, tantôt d'un rose ou d'un aurore très vifs.

LES BUCARDES.

Les *bucardes* forment un groupe de coquilles marines, fort naturel, et fort nombreux en espèces. On leur a aussi donné le nom de *cœurs* à cause de leur forme ; mais ce qui les caractérise surtout, c'est la présence des dents à la charnière au nombre de quatre pour chaque valve, dont deux petites au milieu, et à quelque distance en avant et en arière une dent ou lame saillante. Des côtes plus ou moins marquées et souvent chargées de stries, d'écailles tuilées ou d'épines, se rendent régulièrement des sommets aux bords des valves ; leur intérieur est en grande partie lisse, et n'est sillonné que vers le bord.

On remarque deux tubes inégaux qu'il fait sortir de sa coquille et qui sont entourés de filets ou cils nombreux à leur orifice ; il est aussi pourvu d'un pied musculeux, ordinairement coloré, et en forme de bras, plié ou courbé en faux dont il se sert pour ramper et pour s'enfoncer dans le sable où il vit ordinairement.

Les *bucardes* se mangent, quoiqu'elles soient coriaces et peu estimées ; elles sont d'ailleurs fort communes dans le voisinage des côtes, et répandues dans toutes les mers.

LES LUCINES.

On appelle *lucines* des coquilles circulaires dont la surface est entièrement unie et bombée et que l'on trouve à l'état fossile très communément dans les environs de Paris. Ce genre, déjà admis par Bruguière a été depuis parfaitement distingué et caractérisé par Lamarck. Ce naturaliste confond même dans ce groupe certaines espèces que Poli en avait séparées sous le nom des *loripèdes*, d'après la forme de leur pied parfaitement semblale à une petite corde ou plutôt à une courroie.

LES VÉNUS.

Ce beau genre de coquilles bivalves se distingue des précédens en ce qu'il présente à la charnière des dents et des lames qui sont rapprochées sous le sommet en un seul groupe. Leur forme est plus alongée transversalement que celle des *bucardes*, et leurs côtes, lorsqu'elles en ont, ne sont point du sommet aux bords comme dans celles-ci, mais transversales et parallèles à ces mêmes bords. Les *vénus* sont toutes marines, libres et dépourvues d'épiderme ou drap marin.

Ce groupe renferme des coquillages fort variés quant aux couleurs qui sont ordinairement fraîches et agréablement disposées, et quant au nombre des espèces toutes liées entre elles par des rapports très naturels, mais dont les nuances sont tellement multipliées, tellement graduées, qu'il est souvent fort difficile de les distinguer spécifiquement. Lamarck a fait de ce groupe deux genres ; il en a séparé les espèces qui présentent quatre dents, à la charnière, sur une même valve, et les a réunies sous le nom de *cythérées*. Malgré cela, comme l'observe cet auteur, la détermination des espèces est difficile, prête à l'arbitraire, et la richesse est telle dans ce genre de coquilles, qu'on est fréquemment exposé à donner pour espèces ce qui ne doit être regardé que comme des variétés, ou à prendre pour variétés ce qui doit plutôt être considéré comme espèces.

L'animal des *vénus* ne file point de byssus, mais il a un pied aplati, semblable à une petite lame, de taille et de forme variables ; il possède aussi deux tubes charnus assez longs, inégaux, qui sortent par le côté de la coquille, et sont joints ensemble par une membrane jusqu'au milieu de leur longueur ; l'un de ces tubes est destiné à introduire l'eau qui apporte les alimens et qui sert en même temps pour la respiration ; l'autre est la fin du canal intestinal et donne passage aux excrémens. Ces deux tubes sont couronnés de filets ou tentacules mobiles, disposés sur un seul rang, qui sont probablement des organes du tact, et avertissent l'animal de la présence des corps suspendus dans le fluide où ils sont en mouvement.

Les *vénus* se rencontrent dans toutes les mers, quoiqu'elles soient plus nombreuses et plus variées dans celles des climats chauds ; elles vivent dans le sable à une médiocre distance des côtes, elles sont recherchées pour la table et fournissent un mets fort délicat.

LES SOLENS.

Les *solens* sont des coquilles fort connues sous le nom de *manche de couteau*, et telle est en effet leur forme. Leurs valves sont longues et étroites, bombées, ne se touchant point à leurs extrémités; ce qui leur donne assez de ressemblance avec un tuyau un peu aplati, et leur a valu le nom de *solens* qui est tiré du grec où il signifie *tuyau* ou *canal*. La charnière qui réunit les valves est longue, située sur l'un des côtés et pourvue ordinairement de quelques dents; le tout est enveloppé d'un épiderme très sensible et communément grisâtre.

L'acéphale qui habite cette coquille y est logé comme dans un fourreau; son manteau n'est plus ouvert comme chez ceux qui précèdent; fermé dans toute sa longueur, il ne permet plus à l'eau de venir baigner les branchies directement. Par l'un des bouts ouverts de la coquille on voit sortir, comme dans les vénus, deux tubes réunis en un seul organe dans toute leur longueur; l'un des deux laisse pénétrer l'eau jusqu'aux branchies et à la bouche située vers le bout opposé, et l'autre plus petit que le premier sert d'anus. Par l'autre bout, toujours ouvert aussi, s'étend un pied musculeux dont l'extrémité est ordinairement renflée.

Les *solens* vivent vers les bords de la mer, dans le sable où ils s'enfoncent quelquefois jusqu'à deux pieds de profondeur, dans une position verticale. Ainsi, lorsque l'animal est vivant, ce coquillage est toujours situé perpendiculairement sur un des côtés de sa coquille, et présente supérieurement, c'est-à-dire vers l'entrée de son trou, le côté de la coquille par lequel peuvent sortir ses deux tuyaux. Toute la manœuvre de ce coquillage consiste à remonter du fond de son trou jusqu'à la superficie du sable ou même en-dessus, et à y rentrer ensuite en creusant avec vitesse au moyen de son pied lorsqu'il aperçoit du danger. Ces animaux sont remarquables par l'éclat phosphorescent dont ils sont doués.

LES PHOLADES.

Ce genre a la plus grande analogie avec le précédent. Les valves, en général, minces, fragiles, blanches, à côtes ou stries dentées, rudes au tact, sont, comme celles des *solens*, transversales. Elles sont néanmoins plus larges et plus bombées du côté de la bouche; elles se rétrécissent ensuite, s'alongent du côté opposé et laissent à chaque bout une grande ouverture oblique; leur charnière a une lame saillante d'une valve dans l'autre, et un ligament intérieur, allant de cette lame à une fossette correspondante. Mais ce qui est particulier à la coquille des *pholades*, c'est qu'on trouve auprès de la charnière plusieurs petites pièces accessoires, diversement situées, en nombre variable et toujours plus petites que les véritables valves.

Le corps de l'animal, comme celui des *solens*, a le manteau fermé par devant et possède deux tubes destinés aux mêmes usages; le pied seulement diffère un peu quant à la forme; il est plus court, plus conique et aplati à son extrémité.

Les mœurs des *pholades* sont surtout remarquables; on les voit aussitôt après leur naissance se creuser, soit dans le sable soit dans le bois ou les rochers les plus durs une cavité profonde dans laquelle elles fixent leur demeure pour toute leur vie. Le procédé qu'elles emploient pour parvenir à perforer ainsi des corps aussi durs a long-temps exercé la sagacité des naturalistes, et aujourd'hui même on en est réduit encore à de simples suppositions à cet égard. Quelques-uns ont pensé que la *pholade* usait les corps dans lesquels elle s'introduit par le frottement de ses valves agitées par un mouvement continuel de rotation ; mais l'on pense plus généralement aujourd'hui que leur pied suinte une liqueur particulière et corrosive qui attaque la pierre, la dissout et permet à l'animal de s'y introduire. Les *pholades* comme les *solens* sont phosphorescentes ; elles sont fort connues sous le nom de *dails*, et recherchées comme aliment, à cause de leur goût agréable.

LES TARETS.

Déjà la forme des animaux dont il s'agit ici s'éloigne beaucoup de celle des bivalves dont cependant elle conserve encore les traits principaux. Les *tarets* ont un corps cylindrique et alongé, semblable à celui d'un ver. Le manteau de ces acéphales, fermé dans toute la longueur du corps, se prolonge par l'extrémité qui communique au-dehors en deux syphons tubuleux semblables à ceux des *pholades* et des *solens*. Du côté opposé est le pied du *taret* qui sert à l'animal à s'enfoncer dans le bois où il fixe de préférence sa demeure, en causant de grands dommages dans les ports où il crible de trous les pieux et tous les bois submergés. A côté de ce pied se trouvent deux valves fort petites, comme rudimentaires et inutiles à un animal protégé par la cavité qu'il s'est creusée dans un corps solide. Le corps du taret est en outre enveloppé d'une substance calcaire qu'il transsude et dépose sur les parois du canal dans lequel il est logé. Il reste ainsi enfoncé dans la demeure qu'il s'est faite, laissant libres audehors ses syphons ou tubes cylindriques destinés à recevoir la nourriture et à rejeter les excrémens; il peut d'ailleurs les retirer audedans et fermer l'entrée de son habitation au moyen de deux petites palettes calcaires qui terminent le corps de ce côté.

Les espèces de *tarets* sont peu nombreuses: l'espèce la plus commune, apportée, dit-on, de la zône torride, a menacé plus d'une fois la Hollande de sa destruction en ruinant ses digues. Elle est longue de six pouces environ, mais les pays chauds en produisent des espèces plus grandes.

LES ARROSOIRS.

L'*arrosoir* est un coquillage fort célèbre dans les collections d'histoire naturelle, dont on ne connaît qu'une seule espèce , et qui est apporté, le plus souvent, des îles Moluques et de Java par les Hollandais. Ce mollusque constitue un de ces point litigieux et embarrassans qui se présentent si souvent en histoire naturelle lorsqu'il s'agit d'établir des classifications. L'animal est inconnu , et son habitation ou sa coquille présente une forme des plus bizarres et dont il est fort difficile de déterminer la place parmi les autres acéphales. C'est un tube alongé, plus large d'un côté que de l'autre et en forme de cornet, se contournant irrégulièrement autour de lui-même. L'extrémité pointue est ouverte , et laisse sortir, à ce qu'on présume , des syphons analogues à ceux que possèdent les *pholades* et les *tarets*. L'extrémité opposée, c'est-à-dire la plus large , est fermée par un disque parsemé de petits trous et semblable à la pomme d'un arrosoir, ce qui a valu ce nom au coquillage. Ce disque est entouré d'une série de petits tubes disposés en rayons comme les pétales d'une fleur.

Rien en tout cela ne caractérise un acéphale, mais on aperçoit cependant sur les côtés du tube deux saillies qui ressemblent réellement à deux valves d'acéphales qui y seraient enchâssées. Ce caractère , joint à l'observation des genres précédens des valves rudimentaires des *tarets* et du tube calcaire dont ils s'encroûtent , établit assez de probabilité pour que, malgré l'incertitude de nos connaissances sur les *arrosoirs* , on ait cru devoir les considérer comme de vrais acéphales et les placer à la suite des deux genres que nous venons de décrire.

LES ORBICULES.

Cuvier a établi ce genre et l'a séparé de tous ceux qui précèdent pour en composer , avec les *térébratules* et les *lingules*, une classe à part sous le nom de *brachiopodes*. Duméril et Lamarck en ont fait également un groupe à part sous la même dénomination, le premier le regardant comme un ordre, le second comme une famille.

Les *orbicules* sont de petites coquilles très délicates et transparentes , venues ordinairement des mers du Nord, mais que Poli a cependant trouvées dans la Méditerranée. L'une des valves est très bombée et ronde; la seconde a été long-temps méconnue, parce qu'elle adhère toujours aux rochers et qu'elle est si mince et si plate qu'elle y restait inaperçue quand on détachait l'animal. Les *orbicules* sont donc de véritables bivalves ; mais ce qui les éloigne des genres précédens, c'est que l'animal est dépourvu de pieds et de tubes, et qu'il possède des bras de couleur bleue, garnis de franges jaunes, épaisses et un peu crépues, qu'il peut étendre hors de sa coquille.

Ce genre ne se compose que d'une seule espèce, l'*orbicule de Norwège*.

LES TÉRÉBRATULES.

Si les *orbicules* sont peu nombreuses en espèces, il n'en est pas ainsi des *térébratules* qui sont extrêmement variées dans leurs formes. Lamarck compte douze espèces de ces coquilles vivantes et jusqu'à quarante-sept à l'état fossile. Les valves ici quoique inégales sont très distinctes et jointes par une charnière. Le sommet de l'une, plus saillant que l'autre, est percé pour laisser passer un pédicule charnu qui attache la coquille aux rochers, aux madrépores ou à d'autres corps marins. L'animal possède comme le précedent deux bras opposés, alongés, frangés ou ciliés d'un côté, et qu'il fait sortir à son gré de sa coquille.

LES LINGULES.

Ces coquilles ont deux valves de forme à peu près ovale, ouvertes par le bout le plus large, jointes par une charnière du côté le plus étroit et fixées par ce même côté à un pédicule charnu qui les attache aux rochers. Le manteau est ouvert, il a deux lobes opposés, bordés de cils, qui le recouvrent entièrement; des branchies sont attachées à la face interne de chaque lobe de ce manteau. Les *lingules*, selon Cuvier, qui a éclairci leur anatomie, posséderaient deux cœurs et deux bras comme ceux des animaux précédens, pouvant sortir de la coquille ou y rentrer en se roulant en spirale. Il n'existe qu'une seule espèce de *lingules*.

GÉNÉRALITÉS SUR LES MOLLUSQUES ACÉPHALES.

Il y a, dans l'aspect général de cette classe d'animaux, une analogie qui en rapproche naturellement les espèces pour en former un groupe à part, et bien tranché au milieu des autres groupes d'êtres vivans. La coquille qui existe dans le plus grand nombre est toujours composée de deux valves, caractère spécial des *mollusques acéphales*. L'habitant de la coquille, aussi bien que les *acéphales* qui en sont dépourvus, n'a point de tête apparente; il est sans yeux, il a cependant une bouche qui est cachée, nue, dépourvue de parties dures, et il s'enveloppe toujours d'un manteau souvent sans ouverture, d'autres fois ouvert en deux lames entre lesquelles l'animal se trouve enfermé comme un livre dans sa couverture. Des branchies externes sont situées ordinairement de chaque côté entre le corps et le manteau. Ce sont, comme nous

l'avons décrit dans l'huître particulièrement,
de grands feuillets couverts d'un réseau de
vaisseaux sur lesquels passe l'eau pour y accomplir le phénomène de la respiration. De
ces branchies, le sang va au cœur, qui le distribue partout, puis il se réunit dans un seul
vaisseau, qui porte le nom d'*artère pulmonaire*, pour se distribuer dans les branchies
et de là revenir au cœur par une perpétuelle
circulation. Il y a en outre dans ces animaux un système nerveux fort distinct,
composé de filets nerveux aboutissant à un
etit renflement de la même substance déjà
connue sous le nom de *ganglion*. L'un d'eux,
situé au-dessus de la bouche, est regardé par
Cuvier comme le *cerveau* ou centre des sensations.

De la bouche part un tube digestif dans lequel on trouve quelquefois deux estomacs :
quant à l'intestin, il varie beaucoup en longueur. La masse du foie est fort considérable
et entoure l'estomac dans lequel elle verse la
bile par plusieurs pores. Tous ces animaux
se fécondent eux-mêmes, et dans plusieurs espèces les petits, qui sont innombrables, passent quelque temps dans l'épaisseur des branchies avant d'être mis au monde.

Les *mollusques acéphales* sont très bornés

quant aux facultés locomotrices ; la plupart ne peuvent guère se déplacer qu'en ouvrant et en fermant alternativement leurs valves avec une certaine rapidité. D'autres sont cependant pourvus d'un pied assez semblable, pour la forme, à une langue, toujours situé entre les branchies et qui renferme ordinairement dans son épaisseur une partie du foie et des intestins. Ce pied sert à ramper, quelquefois même à sauter ou à s'élever et à s'enfoncer dans le sable, dans certaines espèces, telles que les *pholades* et les *tarets*. Enfin beaucoup de *bivalves* sont entièrement dépourvus de locomotions et fixés aux rochers soit par un des côtés de leur coquille, comme les huitres, soit enfin par un organe particulier connu sous le nom de *byssus*.

Cette classe d'animaux a été répartie de différentes manières par les divers auteurs qui s'en sont occupés. Lamarck les range sous deux ordres fondés sur l'existence de deux muscles d'attache pour les valves, ou d'un seul. Le premier de ces ordres comprend treize familles, le second en contient sept. Cuvier établit également deux ordres fondés cependant sur d'autres considérations, celles de l'absence ou de la présence d'une coquille. Nous donnons ici cette division.

Classe.	Ordres.	Genres.
ACÉPHALES.	**Sans coquilles.**	Botrylles. Pyrosomes. Polyclines. Ascidies. Biphores.
	Pourvus de coquilles.	Huîtres. Spondyles. Peignes. Marteaux. Arondes. Jambonneaux. Arches. Moules. Anodontes. Mulètes. Tridacnes. Bucardes. Lucines. Vénus. Solens. Pholades. Tarets. Arrosoirs. — Lingules. Térébratules. Orbicules.

CHAPITRE VIII.

CLASSE DES MOLLUSQUES GASTÉROPODES.

§ 1. *Cyclobranches.*

LES OSCABRIONS.

L'*oscabrion* est un mollusque dont la taille ne s'élève guère au delà de trois à quatre pouces dans les plus grandes espèces. Son corps est de forme ovale, convexe en dessus, aplati en dessous. Mais ce mollusque diffère des acéphales en ce qu'il est pourvu d'une tête, petite à la vérité, mais apparente et ayant en dessous une bouche ombragée par une membrane. L'*oscabrion* se distingue encore des mollusques précédens par un pied charnu, semblable à celui des colimaçons et

Pl. 7.

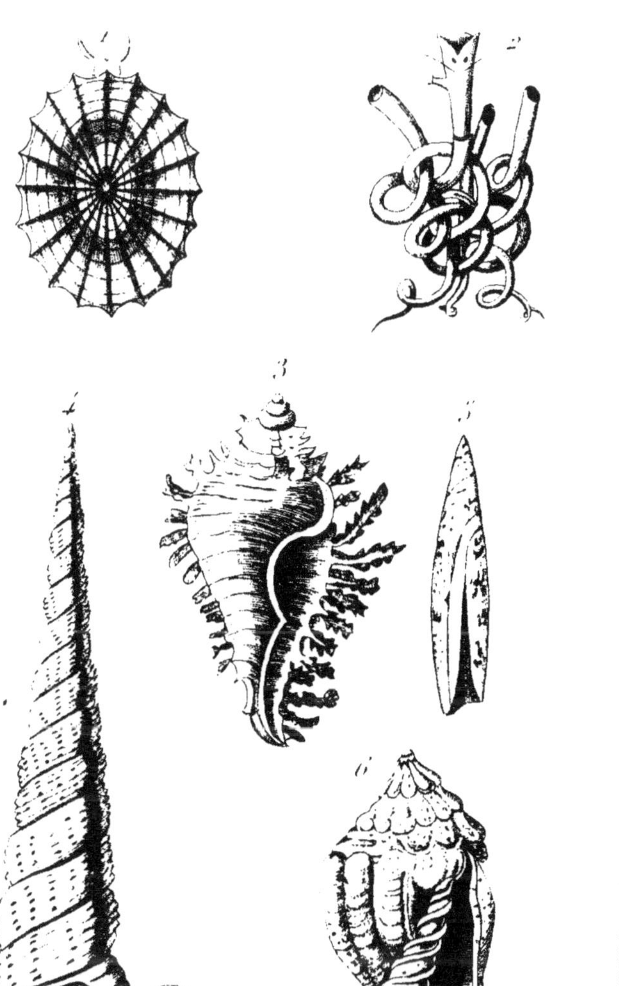

1. Fissurelle. 2. Vermet. 3. Rocher. 4. Turritelle.
5. Ovaire. 6. Pourpre.

des limaces, qui lui sert à ramper sur son ventre, circonstance caractéristique de la classe des *gastéropodes*, comme l'indique ce nom, tiré de deux mots grecs dont l'un signifie *ventre* et l'autre *pied*.

Le dos de l'animal est garni d'un manteau, pourvu ordinairement de huit écailles rangées sur une seule ligne, et se recouvrant un peu les unes les autres, comme les tuiles d'un toit; aussi l'animal peut-il se rouler sur lui-même en boule comme le font les cloportes et les limaces, à cause de la mobilité de ces pièces. Le manteau déborde toujours les écailles, et dans cette portion il est très coriace, garni ou d'une peau unie, ou de petites écailles qui lui donnent l'aspect du chagrin, ou d'épines, ou de poils, ou de faisceaux de soie. Au dessous de ce bord est établi pour la respiration de l'animal un *cercle* de *branchies* qui a fait réunir sous le nom de *cyclobranches* tous les gastéropodes qui présentent cette circonstance. A l'intérieur on trouve un estomac membraneux, un intestin très long et très contourné, un cœur situé sur l'extrémité postérieure de l'intestin et un ovaire qui occupe le dessus des autres viscères et s'ouvre sur les côtés par deux canaux appelés *oviductes*.

Les *oscabrions* vivent dans les mers et surtout dans celles des pays chauds ; on n'en trouve que peu sur nos côtes. Ils se tiennent à peu de profondeur très près des rives et se fixent passagèrement sur les rochers et les pierres. On les trouve quelquefois attachés aux vaisseaux, à la surface de grosses coquilles et même sur le corps de quelques grandes espèces de poissons. Ils sont doués, comme nous l'avons vu, de la faculté de changer de place à volonté ; mais ils ne paraissent en user que très rarement.

Ce genre est fort nombreux en espèces.

LES PATELLES.

Ces animaux, ainsi que tous ceux qui sont pourvus de coquilles, dans toute la classe des gastéropodes, les oscabrions exceptés, ont cette même coquille d'une seule pièce. Celle-ci consiste en une sorte de cône surbaissé, semblable à un petit bouclier, ou plutôt à un petit plat, comparaison qui lui avait valu des anciens le nom latin de *patella*. L'animal est posé sur un pied charnu et musculeux, de forme ovale, qui lui sert plutôt à se fixer fortement pour résister aux vagues qu'à mar-

cher. Il ne tient à la coquille qu'il a produite
que par une rangée de fibres verticales qu'on
aperçoit autour du pied, et qui laisse en
avant un espace libre pour le passage de la
tête ; le manteau qui double l'intérieur n'adhère à la coquille en aucun point. La partie
du manteau qui entoure le bord est un peu
renflée, dentelée, et semble destinée à servir
d'organe du tact : les branchies comme dans le
genre précédent sont situées circulairement
au dessous. La tête est pourvue d'une trompe
grosse et courte et de deux tentacules pointus, portant les yeux à leur base extérieure ;
la bouche est charnue et contient une langue
épineuse qui se porte en arrière et se replie
profondément dans l'intérieur du corps. Le
cœur est en avant au-dessous du cou, un peu
à gauche, l'anus et l'issue des organes génitaux sont aussi au cou, l'un en arrière et l'autre à droite.

Ce beau genre de coquillages est nombreux
en espèces, et celles-ci varient beaucoup dans
leurs formes et dans leurs proportions. Quelquefois la coquille est ovale, d'autres fois circuaire, à sommet central ou sur le côté, plus ou
moins surbaissé. Les couleurs de leur surface et
les dessins plus ou moins réguliers qui l'enrichissent, sont aussi extrêmement diversifiés.

L'extérieur est en général rugueux, strié ou sillonné profondément ; l'intérieur est ordinairement blanc et poli, et souvent d'une nacre brillante.

Les *patelles* habitent les rivages de presque toutes les mers ; elles se fixent aux rochers, quelquefois en grand nombre dans le même lieu. Leur aspect est tel que Rondelet les comparait à des têtes de clous enfoncés dans la pierre.

§ 2. *Scutibranches.*

LES FISSURELLES.

Beaucoup de coquilles ayant la forme et l'aspect des *patelles*, étaient rangées dans ce même groupe par Linnée ; mais Brugnière, considérant que parmi ces dernières, toutes celles dont le têt se trouve constamment percé au sommet indiquent par là que leur animal est différent de celui des *patelles* non percées, en a formé un genre à part sous le nom de *fissurelles*. En effet, les branchies, au lieu

d'être placées autour du corps, et sous le rebord du manteau comme dans les patelles,
sont au contraire en saillie au dessus du cou
de chaque côté, et les deux extrémités antérieures du manteau passent par dessus le col
de l'animal pour border l'ouverture qui est
percée au sommet de la coquille. Ils y forment,
sans sortir au dehors, une espèce de tuyau
par lequel on voit quelquefois l'eau sortir avec
les excrémens ; car ce trou sert aussi d'issue
au canal intestinal.

Quelques coquilles en tout semblables aux
fissurelles, mais s'en distinguant cependant
en ce que, au lieu d'un trou à leur sommet,
leur manteau et leur coquille ont une petite
fente ou échancrure à leur bord antérieur, qui
pénètre de même dans la cavité des branchies, ont été distinguées comme formant un
genre à part sous le nom d'*Emarginules.*

Tous ces coquillages sont en général assez
beaux, ce sont comme de petits boucliers de
forme ovale ; leur ouverture inférieure est
fort large, le trou de leur sommet est au contraire petit, mais ovale ou oblong, et a été
comparé au trou d'une serrure. On trouve
parmi les *fissurelles* des espèces de taille assez
grande, tandis que les *émarginules* sont des

coquillages de petite taille ; il y en **a même**
qui sont toujours fort petits.

LES HALIOTIDES.

Les *haliotides* sont ces belles coquilles chatoyantes et nacrées présentant assez bien la
forme d'une oreille humaine, ce qui leur a
valu le nom d'*oreilles de mer*, et que l'on
voit assez fréquemment soit dans les collections, soit comme ornement sur nos chemi-
nées. Cette coquille, d'une seule pièce comme
toutes celles des gastéropodes, offre une spirale très aplatie dont l'un des côtés est percé
d'une série de trous qui se forment successivement, et lorsque le dernier de ceux-ci n'est
pas encore terminé , il donne à la coquille
l'air d'être échancrée.

L'animal des *haliotides*, appelé aussi quelquefois *ormier*, est un des plus curieux et
des plus ornés. Tout autour de son pied, et
jusqu'à sa bouche, règne, du moins dans les
espèces les plus communes, une double membrane découpée en feuillages, et garnie d'une
double rangée de filets ; en dehors de ses
longs tentacules sont deux pédicules cylindriques pour porter les yeux. Le manteau est

une membrane mince peu apparente, qui s'étend rarement au dehors, et dont les extrémités sortent quelquefois par les derniers trous du disque sous la forme de deux languettes triangulaires. On présume que ces trous donnent aussi passage aux excrémens. D'autres observateurs prétendent que le premier trou, qui commence par ne former qu'une échancrure sur le bord de la coquille, sert d'orifice pour la respiration.

Dans sa position naturelle, l'animal est recouvert par sa coquille dont la concavité est en dessous et dont la circonférence est débordée par un pied très ample. Dans leur repos, les *haliotides* adhèrent aux rochers comme les patelles, en s'appliquant sur leur surface. Elles se tiennent toujours à peu près à fleur d'eau, et pendant les belles nuits d'été, elles vont paître l'herbe qui croît près du rivage.

Les *haliotides* sont assez rares en France, mais elles sont fort communes sur certaines côtes, sur celles de la mer du Sud par exemple où les insulaires les emploient à orner leurs canots ou à faire des instrumens de musique. Leur chair, délicate et agréable à manger comme celle des *patelles*, est aussi recherchée.

Beaucoup de coquilles semblables à celles

que nous venons de décrire en ont été séparées néanmoins pour former un genre à part
sous le nom de *stomates*. La raison en est
qu'elles sont privées de trous, et que par conséquent leur animal, jusqu'à présent inconnu,
doit essentiellement différer des précédens
relativement aux organes qui sortent par ces
ouvertures. On les connaît aussi sous le nom
d'*oreilles de mer sans trous*.

§ 3ᵉ. *Tubulibranches.*

LES VERMETS.

A l'aspect des *vermets*, on serait loin de les
prendre pour des mollusques gastéropodes,
tant ils diffèrent de ceux-ci par l'apparence
de leur forme. Ce sont, en effet, des coquillages tournés en spirale dans le premier
âge, mais se prolongeant ensuite en un
tube plus ou moins irrégulièrement contourné
ou ployé. Aussi ces animaux ont-ils été long-

temps regardés comme appartenant à la classe
des vers à tuyau. Ces coquilles sont ordinairement entrelacées en plus ou moins grand nombre et restent adhérentes aux rochers, ce qui
fait que l'animal ne marchant point, n'a pas
de pied proprement dit comme les autres gastéropodes.

Cependant les *vermets* se rapprochent des
genres marins précédens, par leurs deux tentacules en languettes, munis d'un œil à leur
base extérieure, par leur bouche prolongée en
une petite trompe garnie de plusieurs rangées
de dents crochues. Ils ont en outre, comme
beaucoup de gastéropodes, un petit disque
fort mince qui, lorsque l'animal se retire, sert
à fermer l'entrée de son tube, et que l'on
nomme *opercule*.

Ce coquillage habite principalement les
côtes d'Afrique où l'espèce appelée *vermet
lombrical* forme surtout des groupes considérables ; mais il faut remarquer que si les espèces sont assez nombreuses, elles sont très peu
distinctes.

LES SILIQUAIRES.

Les *siliquaires* diffèrent peu des *vermets :*
aussi, comme eux, on les avait rangés parmi

les annélides. Il est pourtant facile de les distinguer du genre précédent en ce que les tubes présentent ici une fente étroite ou une série de trous qui règnent sur le côté dans toute leur longueur. D'un côté de cette fente adhère tout du long une sorte de *peigne branchial*, composé d'une grande quantité de feuillets déliés. La partie du manteau qui recouvre la cavité des branchies, est fendue aussi dans toute la longueur et sert de point d'attache sur un de ses bords à la série *branchiale* dont nous venons de parler

§ 4e. *Pectinibranches.*

LES STROMBES.

Ici commence une série de coquillages qui, dans tout le groupe des *pectinibranches*, offrent la plus grande analogie, quelle que soit d'ailleurs la variété des formes que présen chaque genre. Les *strombes* sont des coquilles quelquefois très volumineuses, formées d'une partie bombée et sphérique que Linnée appelait le ventre, laquelle est contournée sur elle-même et en haut en une spirale dont les tours diminuent rapidement pour former ce qu'on nomme la *spire* qui, dans ce genre, est fort petite, le dernier tour, celui que nous venons de nommer le ventre, étant plus volumineux. Sur le côté de ce dernier tour de spirale se trouve l'*ouverture* par laquelle sort le corps de l'animal, ouverture sur les côtés de laquelle sont deux *lèvres* ou *bords*. Cette partie de la coquille est plus particulièrement appelée le *ventre*, tandis que la partie opposée s'appelle le *dos*. En bas la coquille est prolongée en une saillie creuse que l'on nomme le *canal*.

Mais ce que les *strombes* ont de particulier et ce qui les distingue surtout, c'est une expansion ou une dilatation plus ou moins large du *bord* droit qui se manifeste à un certain âge, et forme une sorte d'aile, extrêmement variée en raison des espèces. Aussi cette particularité leur avait-elle valu le nom de *coquilles ailées*. En second lieu, les *strombes* se font remarquer en ce qu'indépendamment du canal qui termine leur base, il y a un sinus très distinct près de cette même base et sur le bord droit.

Ces coquillages vivent dans les climats chauds et nous viennent pour la plupart des Indes.

LES ROCHERS.

Ce genre comprenait d'après Linnée et comprend encore selon Cuvier, toutes les coquilles à *canal* saillant et droit. Ce dernier auteur ajoute qu'il a trouvé à tous ces animaux des tentacules rapprochés, longs, portant des yeux sur le côté externe, un *opercule* corné, et point de voile à la tête. D'après Brugnière et Lamarck, on ne doit plus comprendre maintenant sous le nom de rochers que des coquilles terminées par un canal bien prononcé, droit et plus ou moins long ; mais il faut en même temps que leur surface extérieure soit garnie de bourrelets longitudinaux plus ou moins distans, qui sont les restes des anciennes ouvertures abandonnées successivement et d'espace en espace par le progrès des accroissemens de la spire. Ces bourrelets ont par conséquent toujours la même configuration que celle du bord droit de l'ouverture ; ils sont ordinairement saillans comme de grosses côtes, plissés ou tuberculeux, ou quelquefois tellement épineux ou frangés, qu'ils hérissent la coquille de tous les côtés.

Tous ces coquillages sont nombreux en espèces et sont recherchés à cause de la beauté et de la singularité de leurs formes, surtout lorsque toutes les pointes ou franges de leur enveloppe sont bien conservées. Ils habitent les mers où on les trouve ordinairement enfoncés dans le sable des rivages.

LES VIS.

Les *vis* forment un groupe fort naturel et très facile à déterminer. La forme de la coquille est extrêmement alongée et composée d'une spire faisant un grand nombre de tours, et dans les espèces où elle est le plus courte, elle a au moins deux fois la longueur de l'ouverture de la coquille. La surface est souvent lisse ; à la base se trouve une échancrure ou un canal court infléchi vers la gauche. La couleur, et la forme de ces coquillages les rendent d'ailleurs fort agréables.

LES CASQUES.

Ces coquilles sont ovales, mais bombées et ventrues. Leur ouverture est oblongue ou étroite, presque toujours dentée, surtout sur le bord droit. Le canal de leur base est relevé en dehors vers le dos de la coquille. La spire, dans le plus grand nombre des espèces, est interrompue, comme nous venons de le voir dans les *rochers*, par des saillies ou *varices* obliques, persistantes, restes des anciens bourrelets du bord droit, qui ont été enveloppés dans chaque nouvel accroissement de la coquille. L'animal est pourvu d'un *opercule* corné qui sert à fermer sa coquille.

Les *casques* forment un beau genre de coquillages, remarquables autant par le volume et l'épaisseur qu'atteignent certaines espèces, que par la variété et la vivacité de leurs couleurs.

LES POURPRES.

Dans ce genre se trouvent renfermés des animaux fort célèbres à cause de la belle couleur qu'ils fournissaient aux anciens pour la teinture des plus riches étoffes. Les *pourpres* ont en effet à côté de leur estomac une petite vessie de la grosseur d'un pois, remplie d'une matière visqueuse, blanche ou verte, qui devient rouge après avoir été délayée dans l'eau et exposée au contact de l'air. Il est facile de concevoir avec quelle difficulté on parvient à s'en procurer une certaine quantité, ce qui rendait cette couleur fort chère chez les anciens. Aujourd'hui on n'emploie plus la *pourpre* pour la teinture des étoffes : on se sert de la cochenille pour obtenir les mêmes effets ; nous ignorons même jusqu'au procédé que les anciens employaient pour s'en servir. L'animal du reste diffère peu pour la structure de ceux dont nous venons de parler : il se distingue seulement en ce que les sexes sont séparés et qu'ils existent sur deux individus différens.

Beaucoup d'espèces de *pourpres* étaient autrefois confondues avec les *rochers,* parce que leur coquille présente comme eux à la base de son ouverture un commencement de *canal* court; d'autres étaient réunies à un autre genre dont nous parlerons bientôt, les *buccins,* parce que comme eux elles présentaient une échancrure sur ce canal. Mais Brugnière est le premier qui ait formé, des *pourpres,* un genre fort distinct qu'il caractérise par le défaut de lèvre ou de bord gauche, et par un axe de la coquille ou *columelle* très aplati et terminé en pointe.

Les *pourpres* se nourrissent d'autres mollusques. On en trouve sur tous les rivages et dans tous les climats; l'espèce connue sous le nom de *pourpre des teinturiers* est un des coquillages les plus communs sur les côtes de la Manche.

LES HARPES.

Ce groupe établi par Lamarck renferme de très belles coquilles, dont l'ouverture est évasée et la spire peu élevée, ce qui leur donne assez de ressemblance avec l'instrument dont elles portent le nom. On remarque de plus des côtes saillantes assez rapprochées, qui sont les bourrelets persistans des anciens bords droits de l'ouverture formés à diverses époques, et dont la dernière forme le bourrelet du bord. Ces côtes étant inclinées, serrées, et parallèles, figurent assez bien les cordes de la harpe et complètent la ressemblance.

L'animal de ces coquilles a un très grand pied pointu en arrière, ses tentacules portent les yeux aux côtés vers leur base. Il n'a ni voile ni opercule.

LES BUCCINS.

Les *buccins* ont une forme qui les rapproche beaucoup des genres précédens, seulement le canal de leur base semble avoir disparu pour faire place simplement à une échancrure. Ces coquillages sont ovales ainsi que leur ouverture; leur surface n'offre ni varices ni côtes, et leur bord droit est dépourvu de crénelures.

C'est par l'échancrure de la base que sort la tête de l'animal ; celle-ci n'a pas de voile, mais elle possède une trompe, deux tentacules écartés, portant les yeux sur le côté externe et un opercule de substance cornée. Les *buccins* comme les *pourpres* n'ont pas les sexes réunis sur le même individu, ils sont mâle ou femelle séparément. Ces animaux habitent sous différens climats ; on en trouve quelques espèces dans les mers d'Europe.

LES VOLUTES.

Ces coquilles fournissent un des plus riches ornemens de nos collections, tant par la beauté de leurs formes que par leur brillante surface sur laquelle ressortent des dessins vifs en couleur et agréablement distribués.

Leurs caractères génériques consistent en une échancrure à la base, une spire à sommet obtus ou en mamelon et une columelle marquée de quelques gros plis, dont le plus éloigné de la spire est le plus fort.

L'animal a un pied très ample, il est dépourvu d'opercule et présente derrière la tête un tube dirigé obliquement qui sert à la respiration.

Toutes les espèces de ce genre habitent les climats chauds.

LES TARIÈRES.

Ce genre, constitué par une seule espèce actuellement vivante dans les mers, et à l'état fossile, est caractérisé par une coquille oblongue, à ouverture très étroite sans plis, ni rides, et s'élargissant uniformément jusqu'au bout opposé à la spire, laquelle est plus ou moins saillante selon les espèces.

La *tarière* vulgaire ou *tarière subulée*, la

seule vivante,se trouve dans la mer des Indes;
quant aux espèces fossiles, elles sont fort
communes dans les environs de Paris, soit à
Grignon, soit à Issy, ou à Meudon, dans les
impressions dont est remplie la pierre calcaire
qu'on trouve en ces différens lieux.

LES PORCELAINES.

Il n'est presque personne qui ne connaisse
ces belles coquilles que l'on emploie si fréquemment à faire diverses sortes d'ornemens
et de bijoux, tels que des colliers, des bracelets,
des tabatières ou des garnitures de harnais.
Elles sont remarquables par leurs belles couleurs; leur forme est ovale, bombée au milieu,
et presque également rétrécie aux deux bouts.
L'ouverture est étroite, ridée transversalement
des deux côtés, et les bords roulés en dedans. La spire est très petite.

Les porcelaines se font surtout remarquer
par les différences de leurs formes aux diverses époques de leur accroissement, différences qui feraient prendre l'animal adulte
pour une nouvelle espèce. En effet , dans le
premier âge, la spire est mince, saillante, l'ouverture large, et la coquille uniformément colorée et le plus souvent simplement fasciée en

travers ; mais plus tard la coquille se renfle, devient bombée , l'ouverture se rétrécit , devient longitudinale, se ride et se termine par une échancrure à chaque bout. En même temps, l'animal étend son manteau au dehors , en deux lobes sur la surface de la coquille, et y dépose peu à peu une nouvelle couche calcaire, chargée de nouvelles couleurs et de nouveaux dessins. Lorsque l'animal rentre dans l'intérieur, le manteau rentre aussi, et la coquille se voit alors , brillante et polie comme la porcelaine dont elle porte le nom.

Ces beaux coquillages viennent presque tous de pays chauds, quoiqu'ils ne paraissent pas rares dans nos collections , mais on conçoit que l'élégance de leurs formes et la beauté de leurs couleurs aient dû souvent les faire rechercher.

LES CONES.

Les *cônes* vulgairement appelés *cornets* ont la forme que leur nom indique. Leur spire plate, tout-à-fait rase, forme la base du cône ; puis la coquille s'amincit et se termine en pointe vers le côté opposé. L'ouverture n'offre ni renflemens, ni plis ; elle est longue,

étroite et étendue d'un bout à l'autre de la coquille, et l'animal qui l'habite est aminci en
proportion de l'ouverture qui lui donne passage.

Ce genre renferme un fort grand nombre
d'espèces toutes très belles et fort variées en
couleurs; aussi est-il un des plus célèbres et
de ceux que l'on rencontre le plus souvent
dans nos collections.

Ces coquilles habitent la profondeur des
mers dans les climats chauds ; elles sont alors
revêtues d'un épiderme ou *drap marin* dont
on a soin de les dépouiller pour mettre à découvert leurs riches couleurs.

LES SIGARETS.

On croirait d'abord, à l'aspect d'un *sigaret*,
voir un gastéropode sans coquille, assez semblable à une *limace ;* mais en examinant l'animal à l'intérieur, on ne tarde pas à trouver
dans l'épaisseur de son manteau, et n'ayant
avec celui-ci aucune adhérence, une coquille
blanche, aplatie, et dont les tours s'élargissent
très vite.

Cette coquille rappelle très bien celle des
ormiers ou des *haliotides*, seulement elle

est privée de trous et n'est point nacrée ni colorée comme ces dernières.

L'animal est long-temps resté inconnu, et c'est à Cuvier que l'on doit la première description qui en a été faite. Selon ce célèbre naturaliste, le manteau présente la forme d'un bouclier fongueux qui déborde beaucoup la coquille logée dans son épaisseur, le pied est également très large ; puis en avant de ce manteau on remarque une échancrure et un demi-canal, qui servent à conduire l'eau dans la cavité des branchies. Les tentacules sont coniques et portent les yeux à leur base extérieure.

La coquille séparée de l'animal qui la produit est beaucoup moins rare. Adanson en a trouvé abondamment dans les sables de l'embouchure du Niger. Il paraît qu'on la rencontre aussi dans l'océan septentrional, dans la Méditerranée et dans la mer des Indes.

LES CABOCHONS.

Long-temps ces coquilles coniques, à sommet se recourbant un peu en commencement de spirale, furent confondues avec les *patelles*; cependant Lamarck, après la découverte de leurs branchies, se décida à en faire un genre à part. Ces branchies, en effet, ne sont point disposées tout autour du corps comme dans les *patelles*, mais dans une cavité particulière située près du cou comme dans les autres *pectinibranches*.

. Les *cabochons*, connus encore vulgairement sous les noms de *bonnet de dragon*, de *bonnet de hussard*, etc., se rencontrent dans la plupart des mers, et sont présumés se rapprocher, pour les mœurs, des *patelles*, avec lesquelles elles paraissent avoir tant de ressemblance.

LES TURRITELLES.

Ce nom indique assez que la spire de ces coquilles s'élève en forme de tour. Elle est en effet fort alongée, et disposée comme celle des *vis*, avec lesquelles les anciens conchyliologistes les confondaient. Mais les *turritelles* se distinguent par leur ouverture ronde, à bords non réfléchis en dehors et dont le bord droit est creusé d'un sinus. Elles n'ont ni côtes verticales, ni varices, ni épines, ni écailles. Les tours de spire sont cylindriques et offrent seulement des stries transversales.

On trouve ces coquillages dans la plupart des mers. On en trouve aussi un très grand nombre à l'état fossile.

LES SABOTS.

Les *sabots*, connus sur quelques côtes de France où on les mange sous le nom de *vignots*, ont une forme qui rappelle celle des colimaçons. Leur coquille est donc un peu conique et renflée à la base, et sa spire légèrement turriculée, semblable à celle des escargots. L'ouverture est ronde et complétée en haut par l'avant-dernier tour de la spire ; mais l'animal peut la fermer avec un opercule pierreux et épais, qui se fait souvent remarquer dans nos collections , et qui était autrefois employé en médecine.

Les *sabots* se distinguent encore des escargots par leur habitation qui est toujours marine. Leur animal a deux longs tentacules ses yeux sont portés sur deux pédicules, à leur base extérieure, et sur les côtés du pied sont des ailes membraneuses, tantôt simples, tantôt frangées, tantôt munies d'un ou deux filamens.

Ce genre renferme des coquilles connues dans les collections sous le nom de *limaçons à bouche ronde*, et que les amateurs recherchent pour la beauté de leur forme et de leurs couleurs.

LES TOUPIES.

C'est à ces coquilles que semblait devoir être réservé le nom de cônes; car leur base est à peu près entièrement aplatie, et de là s'élèvent des tours de spirale graduellement décroissans jusqu'au sommet, de telle sorte que dans sa position naturelle la toupie est un véritable cône, dont la base est en bas et le sommet en haut, à l'inverse de ce qui a lieu pour les coquillages auxquelles a été réservé le nom de *cones*. L'ouverture de la coquille est de forme carrée et se trouve dans un plan oblique par rapport à la coquille. L'animal a quelques franges à son pied, et est pourvu d'un opercule cartilagineux flexible, et constamment rond, quelle que soit la forme de l'ouverture qu'il doit clore.

Quoique les toupies soient plus communes dans les pays chauds, on en trouve néanmoins dans tous les climats. Elles sont épaisses, solides et remarquables par les couleurs variées et brillantes dont elles sont ornées.

§ 5. — *Hétéropodes*.

LES CARINAIRES.

Le corps des *carinaires* est transparent comme une gelée, pourvu d'une tête qui porte deux tentacules et des yeux en arrière de leur base ; à l'extrémité postérieure, il se termine par une queue comprimée ; enfin il est recouvert par une coquille menue, symétrique, conique, à pointe recourbée en arrière, souvent relevée d'une crète, sous le bord antérieur de laquelle flottent des branchies formées de lobes en forme de plumes situées sur l'arrière du dos et dirigées en avant.

Mais ce qui caractérise surtout ces animaux et les autres *hétéropodes*, c'est que leur pied, au lieu de former un disque horizontal, est comprimé en une lame verticale musculeuse, dont ils se servent comme d'une nageoire et au bord de laquelle, dans plusieurs espèces, une dilatation en forme de cône creux, représente le disque des autres ordres. Leur natation se fait ordinairement sur le dos, de sorte que la lame qui représente le pied se trouve en haut, ce qui avait induit quelques naturalistes en erreur en leur faisant croire que la lame natatoire était sur le dos et les branchies sous le ventre.

LES FIROLES.

Ces mullusques, de même que les *carinaires*, étaient mal connus avant les travaux de Cuvier. Selon cet auteur, les *firoles* ont le corps, la queue, le pied, les branchies et les viscères à peu près comme les carinaires; mais on ne leur a point observé de coquille; leur museau s'alonge en trompe recourbée, et leurs yeux ne sont point précédés par des tentacules. On voit enfin souvent pendre du bout de leur queue un long filet articulé, que Forskal avait pris pour un ténia, et dont la nature n'est pas encore bien certaine.

Jusqu'à présent, c'est dans la Méditerranée qu'on a pris les espèces de *firoles* connues. Leur transparence, qui permet à peine de les distinguer dans l'eau, et la facilité avec laquelle elles se décomposent, ont été jusqu'à présent un obstacle à leur étude.

§ 6 — *Tectibranches.*

LES ACÈRES.

Les *acères*, appelées aussi *bulles* par quelques auteurs, ont leurs branchies attachées sur le dos, en forme de feuillets plus ou moins divisés et recouvertes par un manteau membraneux dans l'épaisseur duquel naît la coquille. Celle-ci n'existe pas dans toutes les espèces, mais pour celles qui la possèdent, elle consiste en une spire aplatie sans canal et sans échancrure ; et la columelle faisant une saillie convexe, donne à l'ouverture la figure d'un croissant, dont la partie opposée à la spire est toujours plus large et arrondie. Les tentacules sont ici tellement raccourcis, élargis et écartés, qu'ils paraissent manquer tout-à-fait ou plutôt qu'ils forment par leur réunion un grand bouclier charnu et à peu près rectangulaire, sous lequel sont les yeux. Le pied se relève en deux crêtes latérales qui peuvent entourer le dos.

Une des facultés remarquables de ces animaux, c'est de laisser suinter des bords de leur manteau une liqueur abondante de couleur pourpre foncée, dont ils teignent au loin la mer, pour se dérober à leur ennemi lorsqu'ils craignent quelque danger.

LES OMBRELLES.

Ces animaux sont grands, circulaires, et pourvus d'un pied très ample, lisse et plat en dessous, débordant de toutes parts, échancré antérieurement, et mince en arrière. Le manteau qui se montre en avant et du côté droit, en un petit rebord, recouvre en cet endroit les branchies attachées de ce côté dans un sillon entre le manteau et le pied et représentant une série de pyramides divisées en feuillets. Sous ce même rebord et en avant sont deux tentacules. Les *ombrelles* comme les *acères* sont hermaphrodites.

La coquille est presque plane, arrondie, un peu convexe en dessus avec une petite pointe vers son milieu. Ses bords sont tranchans, marqués de stries légèrement concentriques ; elle est entièrement blanche.

§ 7. — *Inférobranches.*

LES PHYLLIDIES.

Ce genre établi par Cuvier diffère des précédens en ce que les branchies, au lieu d'être placées sur le dos ou sur le côté droit seulement, le sont des deux côtés du corps comme deux longues suites de feuillets sous le rebord avancé du manteau. Ces animaux sont dépourvus de coquille.

Cuvier établit encore sous le nom de *diphyllidies* un second genre d'inférobranches dont les branchies ont la même disposition, mais qui diffèrent des *phyllidies*, par la forme du manteau et celle de la tête.

§ 8. — *Nudibranches*.

LES TRITONIES.

Les *tritonies*, de forme alongée, comme des limaces, sont entièrement dépourvues de coquilles et ont leurs branchies à découvert, et rangées comme des franges ou de petits arbres diversement découpés tout le long des deux côtés du dos. Leur bouche est garnie de lèvres membraneuses très larges, et armée en dedans de deux mâchoires de corne, tranchantes et situées sur les côtés. Leur anus s'ouvre sur le côté droit. Quatre ganglions de substance nerveuse sont situés dans la tête et servent d'aboutissant aux filets nerveux venus de différens points.

Le pied forme un disque ovale composé de fibres musculaires, semblable à celui que tout le monde connaît dans les limaces ; sa surface inférieure est concave, de telle sorte que lorsque ces animaux veulent nager sur le dos, elle fait l'office d'un petit bateau.

Les tritonies vivent dans la mer et le plus

souvent elles se tiennent dans les fonds vaseux; là elles se re plient sur elles-mêmes de mille manières, de sorte qu'elles se présentent sous des aspects très variés à l'observateur. Leurs couleurs sont très souvent fort éclatantes quand on les observe dans l'eau.

LES DORIS.

On les avait autrefois confondues en un seul genre avec les *tritonies*, mais leur structure est assez différente de celles-ci pour qu'on ait dû les en séparer. Les doris se font remarquer surtout en ce que leurs branchies ne sont plus situées sur les côtés comme dans le genre précédent, mais qu'elles sont réunies à la partie postérieure du corps et en cercle autour de l'anus, comme une sorte de fleur. Leur bouche diffère aussi, non seulement par l'absence de mâchoires cornées, mais en ce qu'elle se prolonge en une trompe charnue que l'animal peut étendre ou raccourcir à volonté, et qui leur sert à saisir les vers ou les polypes qui leur servent de nourriture. A la tête et autour de l'origine du tube digestif se trouvent aussi disposés en cercle des ganglions nerveux ; on ne trouve ici,

comme dans les *tritonies,* nul vestige de co
quille.

Une glande particulière produit une liqueur foncée que l'animal peut répandre dans
la mer pour éviter la poursuite de ses ennemis; leur structure du reste est analogue à
celle des autres gastéropodes, et comme dans
ceux que nous venons de décrire, les deux
sexes sont réunis sur le même individu.

On trouve des *tritonies* dans toutes les
mers, toujours près des rivages, fixées dans
les cavités des rochers ou sur des plantes marines. Leurs espèces sont nombreuses, et
quelques-unes deviennent d'une assez grande
dimension.

---

§ 9. — *Pulmonés.*

LES LIMNÉES.

On trouve dans les étangs, dans les embou-
chures des rivières et la plupart des eaux
douces, des coquilles oblongues, souvent un

peu ventrues, fort minces et transparentes, dont la spire varie beaucoup en longueur : elles sont peu colorées et dépourvues de nuances nacrées ; ces coquilles ont été appelées *limnées*. L'animal qui les habite, possède deux tentacules aplatis, lesquels portent les yeux à leur base interne ; du reste la forme générale diffère peu de celle que nous avons observée dans la plupart des gastéropodes ; mais l'appareil respiratoire présente ici des conditions bien différentes. Les *limnées* ne sauraient habiter constamment le fond des eaux; elles sont obligées de venir souvent à la surface pour y respirer l'air immédiatement. A cet effet, ces animaux ont un trou ouvert sous le rebord de leur manteau, et par là l'air pénètre dans une cavité dont les parois sont tapissées d'un lacis de vaisseaux dans lesquels le sang vient se mettre en contact avec l'air introduit. Ce nouveau mode de respiration exigeait donc une nouvelle structure organique, et ces organes nouveaux, totalement différens des branchies, portent le nom de *poumons*. Ici se présente donc la respiration aérienne commune à tous les animaux dont la condition est ordinairement d'habiter la terre, sur des êtres qui habitent les eaux ; seulement ils sont obligés d'établir leur demeure à peu de profondeur, afin de pouvoir facilement s'élever à la surface pour venir y respirer.

Les *limnées* vivent d'herbes et de grains, leur estomac est un gésier très musculeux, précédé d'un jabot. Ils sont hermaphrodites,et leur accouplement a lieu vers le mois de mai. A cette époque, on les trouve dans les ruisseaux réunis par troupes, et peu après ils jettent leur frai en une sorte de bande gélatineuse qui reste déposée sur les plantes aquatiques.

LES PLANORBES.

Avec les *limnées* on trouve dans toutes nos eaux dormantes les *planorbes,* petits coquillages aplatis, à spire peu croissante, et roulée presque dans le même plan. Quant à l'animal qui les habite, ses mœurs et sa structure, ce que nous aurions à en dire se rapporte entièrement à ce qui vient d'être dit du genre précédent.

LES ESCARGOTS.

C'est dans les temps pluvieux et dans les lieux ombragés surtout que l'on voit ces animaux si communs dans nos campagnes, et dans nos jardins. Tout le monde connaît les *escargots* ou *limaçons*, désignés aussi sous le nom d'*hélices* par plusieurs naturalistes ; mais tout le monde ne connaît pas leur curieuse structure et les caractères génériques qui servent à distinguer ce groupe.

Toutes les espèces d'*escargots* ont l'ouverture de la coquille en forme de croissant, parce que le tour de la spire qui la complète par-dessus forme un bourrelet dont la saillie s'avance et empiète beaucoup sur le milieu de cette ouverture.

L'*escargot*, producteur de ce têt, est toujours habitant de la terre ; aussi est-il pourvu d'une cavité pulmonaire semblable à celle des *limnées* et qui s'ouvre sur le côté droit du cou. Une des singularités de leur organisation consiste encore à avoir une seconde ouverture située au même endroit et à côté de celle-ci, qui sert d'issue aux excrémens et aux organes générateurs. Le pied de ce gastéropode est ovale, aplati ; il est doué d'une grande faculté de contraction qui permet à l'animal de ramper et de se déplacer facilement ; il suinte de plus une matière visqueuse qui facilite puissamment cette reptation. Le côté opposé du corps présente une spirale appelée aussi *tortillon*, enveloppée de sa coquille et qui contient l'ovaire, une partie du foie et des intestins. Sur les bords de celle-ci et tout autour de l'ouverture on voit une membrane circulaire qui est le commencement du manteau. La tête présente une bouche alongée, garnie en-dessus d'une pièce en forme de croissant, brune, dentée, qui fait l'office de mâchoire et sert à entamer les différentes parties des végétaux. Cette tête porte quatre tentacules connus vulgairement sous le nom de *cornes*; les deux supérieurs plus longs portent les yeux à leur extrémité, les plus petits, situés au-dessous, paraissent destinés à servir d'organes du toucher. Ces animaux, comme beaucoup d'autres gastéropodes et en général presque tous ceux qui appartiennent aux classes inférieures, possèdent l'étonnante faculté de régénérer plusieurs parties de leur corps, même les yeux et la bouche, lorsqu'ils ont été coupés.

C'est dans les temps pluvieux, comme nous venons de le dire, et dans les lieux ombragés et humides, que ces coquillages terrestres rampent pour chercher leur nourriture, qui consiste en des feuilles ou des fruits, ce qui cause souvent un dommage considérable dans les champs et les jardins. Dans les temps de sécheresse, ils se tiennent cachés sous des pierres, des feuilles , ou dans les cavités des troncs d'arbres. Enfin, pendant l'hiver, ils se retirent dans les fentes et les trous qui sont au bas des murs , des vieux arbres , etc. Ils ferment l'ouverture de leur coquille par la transsudation d'une glu particulière qui forme un *faux opercule* , les met à l'abri de ce qui peut leur nuire, et là ils vivent dans une espèce d'engourdissement.

Ce qui se passe à l'occasion de leur production est assez curieux aussi, pour nous arrêter quelques instans. Les *escargots* possèdent les deux sexes sur le même individu , de telle sorte que chacun est à la fois fécondant et fécondé. C'est dans les premiers jours du printemps que ces animaux se recherchent. Leur premier soin lorsqu'ils se rencontrent est alors de se piquer mutuellement avec une sorte de dard calcaire à quatre ailes tranchantes, sans qu'on connaisse le but de ce procédé. L'aiguillon reste alors attaché à l'individu piqué, ou bien il tombe à terre, mais il peut être reproduit à chaque nouvel accouplement.

Au bout de quinze ou vingt jours a lieu la ponte des œufs. Ceux-ci sont blancs, de la grosseur d'un petit pois, pourvus d'abord d'une coque membraneuse qui plus tard devient cassante en se desséchant. Ils sont déposés dans la terre et au bout de quelques jours ils éclosent et donnent naissance à des petits, déjà pourvus d'une jeune coquille, mince et fragile, qui est le commencement de la spire dont les tours s'alongent ensuite pour former l'animal adulte.

Il serait difficile de donner ici une idée des innombrables espèces qui constituent ce genre et des divers démembremens qu'en ont fait les auteurs pour établir de nouveaux groupes, soit de genres, soit de sous-genres ou d'espèces. On peut citer seulement, parmi les plus connus, le *grand escargot* ou *hélice vigneronne* à coquille roussâtre marquée de bandes plus pâles, que l'on trouve dans les jardins, les vignes et les grandes allées des bois, espèce qui est fort recherchée en quelques lieux comme un mets agréable; puis, le *petit escargot* ou *livrée*, à coquille diversement et vivement colorée, qui vit sur les arbres et nuit beaucoup aux espaliers dans les temps humides.

Telle est l'histoire des *escargots*, si généralement connus comme aliment, surtout dans le midi de la France, quelques contrées de l'ouest, dans la Suisse et quelques parties de l'Allemagne, où elles forment un article de commerce assez important. Déjà aussi ces animaux étaient connus et en usage chez les Romains qui les élevaient en grand nombre et les engraissaient dans des lieux consacrés à cet objet. Varron en donne la description, Pline parle aussi de cet usage ; il paraît même que cela devint un luxe si prodigieux qu'il fallut le prohiber par une loi spéciale.

LES LIMACES.

Ces animaux, tout aussi connus et aussi répandus que les précédens, ne semblent guère en différer que par l'absence de la coquille. A la place de celle-ci on trouve, sur le dos et à la partie antérieure, un bouclier charnu et coriace, appelé *écusson*, sous lequel la tête et les autres parties du corps se retirent, quoique incomplètement, pendant la contraction de l'animal. Cet *écusson* contient dans son intérieur un osselet libre et aplati ou quelquefois quelques grains calcaires qui semblent être les élémens désunis d'une coquille. Le reste de leur organisation ressemble à celle des *escargots :* comme eux, ils ont les orifices de la respiration et des excrétions du côté droit, quatre tentacules qui peuvent rentrer à l'intérieur, et une bouche pourvue d'une mâchoire supérieure en forme de croissant dentelé, qui leur sert à ronger avec beaucoup de voracité les herbes et les fruits, auxquels elles causent beaucoup de dégâts.

Parmi les espèces de ce genre on peut distinguer 1° la *limace rouge*, que l'on rencontre à chaque pas dans les temps humides, et qui est quelquefois presque entièrement noire; c'est celle qui est employée à faire des bouillons dans les maladies de poitrine; 2° la *grande limace grise*, souvent tachetée ou rayée de noir; qui habite les caves et les forêts sombres; 3° la *petite limace grise*, petite, sans taches, l'une des plus abondantes et des plus nuisibles.

OBSERVATIONS GÉNÉRALES

SUR LES MOLLUSQUES GASTÉROPODES.

Évidemment tous les animaux de la grande classe que nous venons de parcourir sont plus avancés en organisation que ceux qui constituent cette autre classe de coquillages, à deux valves. si imparfaite, qui a été désignée sous le nom de *mollusques acéphales*. Ici la tête est distincte, les organes des sens commencent à s'y montrer sous forme de tentacules couronnés d'yeux ou servant au toucher; la bouche est pourvue d'une langue qui localise le sens du goût, et s'arme quelquefois d'une mâchoire solide capable d'entamer les corps résistans ; le tube digestif se complique de diverses cavités quelquefois épaisses et musculeuses, d'autres fois d'aspérités aiguës. Les nerfs aboutissent à des groupes de ganglions qui se centralisent surtout vers la tête pour faire déjà de celle-ci l'aboutissant des sensations. La respiration surtout se perfectionne et se localise davantage, soit en formant des *branchies* bien distinctes, propres à respirer l'air tenu en dissolution dans l'eau, soit en constituant des *poumons* capables d'opérer l'acte de la respiration dans le fluide pur et élastique lui-même.

Un trait particulier caractérise tous ces êtres, c'est la présence d'un *pied* charnu sur lequel ils s'appuient pour ramper, caractère propre qui les a fait réunir par Cuvier sous la même dénomination de *gastéropodes*. Des divisions secondaires ont été ensuite établies dans ce groupe par ce naturaliste, à qui nous devons beaucoup pour la connaissance de la plupart de ces animaux, dont nous n'avions avant lui que des connaissances bien imparfaites; c'est sur les diverses dispositions de l'organe respiratoire que sont fondées ces divisions. Elles constituent, en neuf *ordres* particuliers, les mollusques gastéropodes : Les *cyclobranches*, ayant leurs branchies disposées en cercle sous les rebords du manteau. Les *scutibranches*, à branchies protégées par la coquille qui leur sert de bouclier. Les *tubulibranches*, dont les organes sont renfermés dans une coquille en forme de tube. Les *pectinibran-ches*, animaux nombreux dont les branchies se composent de lamelles réunies en forme de peignes. Les *hétéropodes* à branchies dorsales, mais remarquables surtout par la forme de leur pied qui diffère de celui des autres gastéropodes. Les *tectibranches*, dont les branchies sont dorsales et protégées par une lame du manteau. Les *inférobranches*, ayant ces mêmes branchies au-dessous des rebords du manteau. Les *nudibranches*, qui les portent à nu sur leur dos. Enfin les *pulmonés*, qui respirent immédiatement l'air dans une cavité spéciale qui prend alors le nom de *poumon*.

Le tableau suivant donnera une idée exacte de chacune de ces divisions ordinales, et des différens genres qu'elles renferment.

Classe.	Ordres.	Genres.
MOLLUSQUES GASTÉROPODES.	Cyclobranches	Oscabrions. Patelles.
	Scutibranches	Fissurelles. Emarginules. Haliotides.
	Tubulibranches	Vermets. Siliquaires.
	Pectinibranches	Strombes. Rochers. Vis. Casques. Pourpres. Harpes. Buccins. Volutes. Tarrières. Porcelaines. Cônes. Sigarets. Cabochons. Turritelles. Sabots. Toupies.
	Hétéropodes	Carinaires. Firoles.
	Tectibranches	Acères. Ombrelles.
	Inférobranches	Phyllidies. Diphyllides.
	Nudibranches	Tritonies. Doris.
	Pulmonés	Limnées. Planorbes. Escargots. Limaces.

On peut observer ici que la division des ordres n'est plus fondée, comme dans les mollusques acéphales, sur la présence ou l'absence d'une coquille, bien que les gastéropodes présentent, comme les animaux de la classe qui précède, des espèces nues et d'autres testacées. Ce défaut d'unité est encore une des fâcheuses nécessités de l'histoire naturelle.

Les caractères des genres sont quelquefois pris dans la structure de l'animal, d'autres fois dans celle de la coquille, avec laquelle coïncide ordinairement une disposition spéciale des organes intérieurs. Les mollusques gastéropodes constituent une classe riche et brillante de coquillages fort recherchés par les curieux et par les naturalistes, à cause de la variété de leurs formes et la beauté de leurs couleurs; ils sont formés d'une seule coquille, bien différente selon qu'on l'observe dans le disque aplati d'un *planorbe* ou dans la spire alongée d'une *vis*, dans les épines des *rochers* ou les cordons finement granulés de divers autres genres; mais il existe toujours un même fonds de structure dans cette coquille. Ainsi, partout où la coquille existe, elle se trouve enroulée en des tours graduellement décroissans qui portent le nom de *spire*. La pointe de celle-ci se nomme le *sommet*, et le côté opposé la *base* ; là est le dernier tour de la spire qui est plus ample que les autres et qu'on nomme le *ventre*; de ce côté se trouve aussi l'*ouverture* où finissent les tours de spirale qui ont commencé au sommet. De chaque côté de l'ouverture sont les *bords* ou lèvres, que l'on distingue en droit et en gauche selon qu'il est à la droite ou à la gauche de l'animal, la *columelle* qui est la partie intérieure du bord gauche autour de laquelle tourne et s'élève la spire comme sur un axe ; aussi l'a-t-on souvent désignée sous le nom d'*axe de la coquille*. Enfin, il est une partie, tout-à-fait accessoire, qui, dans quelques cas, sert à former l'ouverture et qu'on désigne sous le nom d'*opercule*.

En énumérant quelques-uns des différens genres de cette classe nombreuse, nous sommes loin d'avoir fait connaître toute son étendue; ici comme ailleurs nous n'avons prétendu établir que les points culminans des principaux groupes les plus remarquables et les moins contestés, sans entrer dans les détails de divisions en sous-ordre qui ont préoccupé tant de naturalistes. Alors même qu'il s'agit d'établir des classes , les coupes sont bien difficiles à limiter au milieu d'une immensité d'êtres mille fois diversifiés, en tout si semblables au fond , mais en tout différens dans la forme. Il ne nous reste qu'à parler maintenant d'une classe nouvelle , établie par Cuvier, infiniment plus restreinte que celle qui vient de nous occuper ; liée avec elle par les plus grands rapports, et dont elle semble n'être qu'une fraction.

CLASSE DES MOLLUSQUES PTÉROPODES.

LES CLIO.

Ce sont des animaux assez petits, dont le corps est un sac alongé, aplati, terminé en avant par un cou qui porte une tête distincte, en arrière en une petite pointe. Sur les côtés de la bouche sont deux petites ailes membraneuses, qui servent de nageoires et qui sont chargées d'un réseau vasculaire qui tient lieu de branchies.

Il n'y a point ici de manteau comme chez les gastéropodes, mais les *clio* sont pourvues de tentacules, d'une bouche munie de deux lèvres, d'yeux, et, l'anus et l'orifice de la génération s'ouvrent chez elles sous la branchie droite. Elles sont hermaphrodites.

L'espèce la plus célèbre, que l'on trouve dans les mers du Nord, y est en une telle abondance que le nombre supplée à la petitesse, et qu'elles deviennent la nourriture des baleines qui les engloutissent par milliers dans leur énorme bouche ; aussi cette même espèce a-t-elle été désignée particulièrement sous le nom de *pâture de la baleine.*

LES PNEUMODERMES.

Leur corps est ovale selon la description qu'en donna Cuvier ; ils n'ont ni manteau, ni coquille; les branchies sont attachées à la surface, et formées de petits feuillets rangés sur deux ou trois lignes disposées en H à la partie opposée à la tête. Les nageoires sont petites ; la bouche, garnie de deux petites lèvres et de deux faisceaux de nombreux tentacules , terminés chacun par un suçoir, a en dessus un petit lobe ou tentacule charnu.

LES LIMACINES.

Ce genre, établi par l'auteur que nous venons de citer, comprend des animaux non moins nombreux que le *clio boréal* dans la mer Glaciale et qui sont aussi un des principaux alimens de la baleine. Leur corps se termine par une queue contournée en spirale et produit une coquille très mince et contournée de la même manière. Les *limacines* sont aussi pourvues de nageoires comme les *clio*, et lorsqu'elles veulent s'en servir, elles font l'office de rames, tandis que leur corps est supporté dans la coquille, qui vogue à la surface de la mer comme un petit bateau.

LES HYALES.

Les *hyales* sont renfermées dans une coquille que l'on regardait autrefois comme bivalve, parce qu'elle est fendue par les côtés; l'animal possède un manteau également fendu des deux côtés, et donne issue par ces ouvertures latérales à des lanières plus ou moins longues, qui sont des productions du manteau. Du reste, ces animaux ont deux grandes ailes, des branchies logées au fond des fissures du manteau, et présentent la plus grande analogie d'organisation avec les précédens; comme eux ils ne peuvent ni se fixer, ni ramper, étant dépourvus du *pied* qui fait le caractère propre de la classe des gastéropodes.

M. de Blainville réunit les *ptéropodes* et les *gastéropodes* en une seule classe et il n'y range les *ptéropodes* que comme un ordre particulier.

CHAPITRE IX.

CLASSE DES MOLLUSQUES CÉPHALOPODES.

LES POULPES.

Qu'on se représente un sac ou une bourse ovale, sans plis, un peu resserrée du côté de son ouverture, puis s'élargissant en un entonnoir membraneux, qui se découpe et qui se termine lui-même en lanières très grandes et très fortes, et l'on aura une idée de la forme extérieure des *poulpes*. Ces animaux tous marins ressemblent, on le voit, aux *polypes* qui sont comme eux formés d'un sac, dont l'unique ouverture est entourée de lanières déliées que nous connaissons sous le nom de tentacules ; aussi Aristote, qui avait déjà connu et décrit les *poulpes*, les désignait-il sous le nom de *polypes* ou *animal à plusieurs pieds*, qui est depuis resté en propre, on ne sait trop pourquoi, à certains zoophytes. .

Le sac des *poulpes* est un manteau composé de fibres musculaires et tapissé au dehors d'une peau coriace unie , ne présentant que deux petits grains coniques de substance cornée, aux deux côtés de l'épaisseur de leur dos. Les lanières qui couronnent ce sac sont des bras vigoureux et flexibles, extrêmement longs proportionnellement aux dimensions du corps, et dont l'animal se sert, soit pour marcher, soit pour nager ou pour saisir sa proie. Chacun de ces bras, au nombre de huit, est en outre pourvu de deux rangs de suçoirs, à bords musculaires , qui règnent d'un bout à l'autre, et qui, faisant l'office de ventouses, fixent puissamment les *poulpes* aux corps qu'ils embrassent.

Au fond de ce couronnement, et de l'entonnoir qu'il forme, est l'entrée du sac ou la bouche de l'animal. Celle-ci est pourvue d'un bec brun et corné , absolument semblable à celui des perroquets.

Là commence le tube digestif : à l'entrée est une langue hérissée de pointes cornées, puis un renflement en forme de jabot, et un gézier charnu comme celui d'un oiseau, auquel succède un troisième estomac membraneux et en spirale, où le foie, qui est très grand, verse la bile par deux conduits. L'intestin est simple, peu prolongé; il remonte en avant et s'ouvre au dehors dans un second entonnoir situé aussi en avant et près du premier. Il y a en outre une vésicule contenant une encre noire, que l'animal peut répandre à volonté dans la mer, et qui se trouve enchâssée dans le foie; enfin les sexes sont distincts et sur des individus différens. La respiration se fait au moyen de branchies placées dans le grand sac de chaque côté, semblables à des feuilles de fougère, et que l'eau vient baigner en pénétrant par l'entonnoir dont nous venons de parler. Un cœur ou ventricule creux, situé de chaque côté, reçoit le sang qui vient de nourrir les organes et le pousse dans les branchies, puis deux vaisseaux le rapportent dans un troisième cœur, unique, qui le distribue dans tout le corps par différens vaisseaux.

La partie du *poulpe* qui couronne le sac, et qui porte les tentacules, est une véritable tête. Vers le dos elle porte deux yeux assez petits, que la peau peut recouvrir en se resserrant quand l'animal le veut; et dont les nerfs aboutissent à un cerveau. On suppose

en outre ces animaux doués du sens de l'o-
dorat, qui s'effectuerait par toute la surface
de la peau, et même de celui de l'ouie, qui
est logé dans une boite cartilagineuse qui
contient aussi le cerveau.

Avec une organisation pareille, constituée
par un sac digestif, pourvus des armes les
plus puissantes et les plus capables de seconder la voracité, on conçoit déjà combien les
mœurs des *Poulpes* doivent être cruelles et
déprédatrices. En effet, ils vivent près des
rivages, dans les creux des rochers où ils at-
taquent et enlacent vigoureusement dans
leurs bras toutes les proies qui se présentent.
Des milliers de ventouses, viennent aider
l'action des bras, et le *poulpe* ne lâche jamais
sa proie qu'il ne l'ait dévorée. Essentiellement
carnassiers, ils désolent les plages et causent
souvent de grands préjudices aux pêcheurs,
on les a vus quelquefois attaquer des nageurs,
se cramponner à leur corps, s'y fixer puissamment au moyen de leurs ventouses, et
leur faire courir les plus grands dangers.

Mais il y a loin de là aux histoires extraordinaires qu'on se plaît à leur attribuer. Quelques auteurs anciens, et la crédulité igno-
rante de quelques matelots, ont livré à la
tradition l'histoire de *Poulpes* gigantesques,

terribles habitans des abymes des mers, et s'élevant parfois à la surface comme de petites iles. Denis-Montfort, dans le *Buffon* de Sonnini, se plait à raconter de pareils faits dont nous citerons quelques-uns seulement, pour montrer combien leur étrangeté seule devrait rendre scrupuleux sur le choix des autorités qui ont pu fournir de tels rapports.

Selon cet auteur, on trouverait deux espèces de *poulpes* géans, le *poulpe colossal*, et le *poulpe kraken*, aussi grands, comparés aux baleines, que celles-ci peuvent l'être proportionnellement aux éléphans ; ce seraient enfin les masses organisées les plus grandes que la nature ait produites. Un capitaine américain lui aurait raconté que pendant la pêche d'une baleine qui venait d'être harponnée, on vit flotter au-dessus des eaux un long corps charnu, de couleur rouge et ardoisée que les matelots prirent pour un serpent marin d'une dimension effrayante, mais qu'après s'en être emparé, on reconnut que c'était le bras tronqué d'un énorme *poulpe* qui avait dû être saisi par la baleine. Sa circonférence était d'environ deux mètres et demi à l'endroit le plus large, et il avait plus de dix-huit mètres de longueur.

Que dire aussi du fait suivant rapporté par

Pline, qui le tenait de Niger, un des lieute-
nans de Lucius-Lucullus pour le royaume
de Grenade? Il paraît que, dans la ville de
Carteia, un énorme *poulpe* quittait régulièrement tous les soirs la mer pour venir s'emparer des salaisons qu'on préparait. Et quoiqu'on eût soin de clore ce lieu avec des pa-
lissades et des cloisons, il parvenait à s'y introduire en escaladant, jusqu'à ce qu'enfin
les chiens l'éventèrent au moment où il s'en
retournait à la mer. Attaqué par eux, il se
défendit en déployant ses bras pour leur lan-
cer de vigoureux coups de fouet et en poussant
de bruyans ronflemens. Les gens commis à
la garde des saloirs purent seuls s'en rendre
maîtres en l'attaquant tous ensemble avec des
fourches et des traits. On pourra juger de la
dimension de son corps d'après celle de sa
tête qui fut envoyée à Lucullus; au rapport
de l'auteur, son volume égalait celui d'un ton-
neau de quinze amphores, c'est-à-dire environ douze cents livres, mesure de deux
muids, son poids était de sept cents livres.

Enfin nous signalerons le fait suivant tiré
de l'*ex-voto* de la chapelle Saint-Thomas à
Saint-Malo : « Un navire de ce port, mouillé
à la côte d'Angole, où il faisait la traite, c'est-
à-dire, le commerce des noirs, celui de l'i-

voire et de la poudre d'or, venait de terminer
la traite; l'équipage était entièrement rembar-
qué et le capitaine songeait à lever l'ancre
pour quitter cette côte. Tout à coup le temps
étant calme et en plein jour, un monstre
marin, d'une épouvantable grosseur, s'éleva
du sein des flots et les faisant bouillonner au
loin, et passer par dessus le pont du navire,
s'accrocha au bâtiment, contourna les manœuvres et les mâts jusqu'à leurs sommets,
par des bras aussi longs que flexibles et ef-
froyables, pesant sur lui-même, et s'abandon-
nant à tout le poids de son énorme masse,
ce monstre fit pencher le bâtiment de manière
à le coucher sur le côté, et à l'entraîner au
fond de l'abîme. Dans ce péril extrême, chacun, ne prenant conseil que de lui-même,
tout l'équipage courut aux armes; effrayés
au souverain degré par une invasion aussi
brusque et aussi étrange, chaque matelot,
chaque homme qui était à bord, sautèrent
spontanément sur tous les moyens de dé-
fense qui leur tombèrent sous la main, et
tous attaquèrent de concert, chacun devant
eux, cet épouvantable ennemi à coups de
hache et de coutelas: la grandeur du péril
donnant même du courage aux plus lâches,
aucun d'eux ne chercha à se réfugier à fond

de cale ; mais tous combattirent vigoureusement pour le salut commun. Cependant, dé
sespérant presque dans leurs efforts ; leur
vaisseau prenant la bande, c'est-à-dire, se
couchant de plus en plus, ne comptant plus
sur leur salut ; tous mirent leur recours dans
le saint patron de leur port ; et ils firent un
vœu à saint Thomas, lui jurant un pélerinage,
si, sortis par son intercession de ce combat, ils
revenaient sur l'eau, et regagnaient encore
pour cette fois leurs foyers. Prenant alors un
nouveau courage et pleins de confiance dans
le secours céleste, à grands coups de hache
et avec le fil de leurs sabres, ils parvinrent
enfin à trancher les bras de cet horrible animal, qui n'était autre chose qu'un énorme
poulpe ; quand ils les eurent séparés de son
corps, le tronc coula à fond ; le vaisseau n'é-
tant plus tiré sur le côté, ni menacé d'être
englouti, se redressa, et reprenant son à-
plomb, le haut de ses mâts se reporta encore
vers le ciel, dans l'instant inespéré où, suivant toutes les apparences, il devait être en-
traîné au fond des mers par ce terrible mollusque, dont le seul poids suffisait pour couler bas
le navire. »

Il suffit d'ajouter maintenant qu'aucun
naturaliste, aucun voyageur digne de foi,

n'a vu encore de ses propres yeux de pareils monstres au sein des mers. On sait combien Pline et beaucoup de naturalistes de l'antiquité ont accueilli avec facilité une multitude d'histoires merveilleuses démenties depuis. Aristote, qui avait beaucoup vu et sagement écrit sur toutes choses, ne parle que de *poulpes* dont les bras auraient cinq coudées, ou deux mètres environ de longueur.

Il reste peu de chose à ajouter sur l'histoire des *poulpes* ; s'ils sont voraces et destructeurs, ils sont aussi constans et fidèles. Dès que le *poulpe* a choisi sa femelle, il ne la quitte plus, dit-on, et elle devient l'objet de ses soins et de ses attentions. De pareils faits auraient peut-être besoin d'être encore constatés ; car de tels procédés ne sont guère le partage d'animaux dont la ponte, égale en fécondité à celle des poissons, est fécondée de la même manière, et n'exige nullement les soins d'une mère.

Les *Poulpes* ne sont guère employés à d'autre usage parmi nous que comme aliment; encore s'en faut-il qu'ils soient estimés de nos jours, comme ils paraissent l'avoir été autrefois chez les Grecs et chez les Romains, où ils étaient recherchés comme un des mets les plus délicats. On suppose que c'est avec

le noir contenu dans leur vessie que se fait
la bonne encre de Chine.

Les espèces sont peu nombreuses, et nous
signalerons seulement, 1° le *Poulpe commun*
ou le *polype* d'Aristote, qui infeste nos côtes
en été et y détruit une immense quantité de
crustacés. Sa peau est légèrement grenue; il
a les bras six fois aussi longs que le corps et
garnis de cent-vingt paires de ventouses.
2° Le *Poulpe granuleux*, à corps plus grenu,
à bras de peu plus longs que le corps, garnis
de quatre-vingt-dix paires de ventouses. 3° Le
Poulpe musqué portant l'odeur qu'indique
son nom et qu'on trouve dans la Méditerranée.

LES ARGONAUTES.

Parler de l'*Argonaute*, c'est, pour ainsi
dire, continuer l'histoire des poulpes. Même
construction quant à la forme de leur corps,
même voracité, partant même goût pour la
déprédation et le carnage. Il y a ici cette différence cependant, que le poulpe dont il s'agit
est toujours renfermé dans une coquille très
mince, striée comme celle des peignes, mais
uni-valve et roulée en spirale, dont le dernier
tour est si grand proportionnellement, qu'elle

ressemble à une chaloupe dont la spire serait la poupe. L'*argonaute* est en même temps dépourvu des deux grains cartilagineux que les poulpes ont généralement sur le dos ; et de ses huit bras, les deux situés vers la face dorsale, sont étalés en deux larges membranes.

L'animal ainsi renfermé dans sa coquille s'approche peu des rivages ; il préfère la haute mer, dans laquelle il vogue, se tenant à la surface, porté par sa coquille, qui lui sert de chaloupe. Alors il élève au-dessus de lui ses deux bras palmés, en guise de voiles, et il emploie les six autres à ramer. Que quelque danger le menace, aussitôt l'*argonaute* retire tous ses bras dans sa coquille, s'y concentre et redescend au fond de l'eau. Cette manœuvre avait déjà piqué la curiosité des anciens, qui se sont plus à l'embellir de leurs poétiques descriptions.

On a long-temps disputé à l'*argonaute* la légitime propriété de son habitation ; on l'accusait de n'être que le spoliateur du véritable habitant de la coquille qu'il occupe et de n'en avoir obtenu la possession que par la destruction de son laborieux constructeur. Il est vrai que l'*argonaute* n'adhère, par aucun point de son corps, à la coquille où il se trouve logé et qu'il n'occupe même pas en entier la spire; mais si ce sont là les seuls chefs d'accusation, il faut se hâter de dire qu'il serait bien surprenant qu'on ne trouvât jamais que le prétendu poulpe dont il s'agit ici dans une coquille aussi commune que celle de *l'argonaute*, et que jamais aussi, il ne s'avisât de s'emparer de quelque autre coquillage pour y vivre en parasite comme un *Bernard-l'ermite*. Enfin, ce qui met un terme à tous les doutes, c'est que la plupart des naturalistes modernes sont parvenus à découvrir et à voir nettement le germe de la coquille dans l'œuf même de l'*argonaute*.

LES CALMARS.

Ces mollusques s'éloignent des précédens, en ce que le sac ou l'espèce de fourreau qui les renferme s'étale, vers l'extrémité postérieure du corps seulement, en une membrane plate en forme de losange qui leur sert de nageoire. Ce manteau est recouvert d'une peau lisse et glacée, d'un blanc jaune et rosacé sur le ventre; le dos, légèrement ardoisé, est pointillé de petits points de couleur pourpre qui s'étendent sur la tête et les bras. Si on ouvre les tégumens de ce côté, on trouve, renfermée dans leur épaisseur, une lame de substance cornée semblable pour la forme à un poignard. Outre les huit bras chargés sans ordre de suçoirs, les *calmars* ont, de plus que les poulpes, deux tentacules plus longs, renflés, en massue à leur extrémité, qui en cet endroit seulement portent des ventouses dont ces animaux se servent pour se fixer contre les rochers et s'y tenir à l'ancre lorsque les flots sont agités par la tempête. Enfin, leur bourse à noir est enchâssée dans le foie, et ils déposent leurs œufs attachés les uns aux autres en guirlandes étroites et sur deux rangs.

On rencontre les *calmars* par troupes, quelquefois vers les côtes, mais le plus souvent en haute mer. Pourvus d'un bec très dur, et de bras charnus comme les poulpes, comme eux aussi ils vivent de leur chasse. C'est surtout à l'approche du mauvais temps qu'ils semblent redoubler d'activité ; on prétend même qu'on les voit quelquefois s'élancer hors de l'eau et se soutenir quelque temps dans l'air à l'aide de leurs nageoires, qui font l'office d'ailes ; mais ce dernier fait est loin d'être constaté.

Bien que ces animaux soient fort abondans

sur nos côtes, ils ne sont guère employés comme aliment ; en quelques contrées de l'Italie seulement le goût des anciens Romains pour les *calmars* semble s'être quelque peu propagé, les Romains d'aujourd'hui les préfèrent aux *sèches* ; cuits ils deviennent rouges comme les écrevisses. Il paraît que les anciens en faisaient des espèces de pâtés, ou bien après leur avoir coupé les bras, leurs cuisiniers les farcissaient de moelle, les arrosaient d'aromates et les faisaient cuire.

Tous les *calmars* ont à peu près le même aspect ; il est fort difficile de les distinguer les uns des autres par des caractères spécifiques autres que ceux pris de leur taille ; aussi, a-t-on presque de tous temps, comme aujourd'hui, distingué principalement deux espèces : 1° le *calmar commun* ou *grand calmar*, dont les plus grands individus peuvent atteindre un mètre et demi, y compris la longueur des bras. Ses nageoires forment ensemble un triangle au bas du sac ; ses bras sont plus courts que le corps, et chargés de suçoirs sur près de la moitié de leur longueur. 2° Le *petit calmar*, ordinairement moins grand que le précédent, à nageoires formant ensemble une ellipse au bas du sac, qui se termine en pointe aiguë.

LES SÉPIOLES.

On trouve en abondance sur les bords de la Méditerranée, une sorte de petits calmars n'atteignant guère au-delà de deux à trois centimètres de longueur, semblables aux *sèches* dont nous allons parler, quant à la forme de leur corps, presque aussi long que large, et pourvu de deux petites nageoires circulaires, ce qui leur a valu le nom de *sépioles*, diminutif de celui de *sèche* en latin *sepia*. Cependant ces petits mollusques se rapprochent beaucoup des calmars, si l'on considère que leur dos contient comme chez ces derniers une lame de corne grêle et aiguë comme un stilet.

On ne cite guère qu'une seule espèce de *sépioles*. La chair de cet animal est délicate et savoureuse. Il paraît n'avoir pas été connu des anciens, du moins aucun d'eux n'en fait-il mention.

LES SÈCHES.

Ce sont encore des animaux que la plus grande analogie rapproche des précédens.

Comme eux, c'est un sac ou manteau formé par la peau et les muscles du ventre ; ce sac est ouvert par devant sous le cou et assez largement pour permettre, ici, de glisser la main entre les viscères intérieurs, les intestins et ce manteau. Il y a aussi huit tentacules garnis de suçoirs et deux plus longs renflés à leur sommet, comme nous l'avons dit à l'occasion des calmars. Leur bec est fort, tranchant, implanté au milieu des chairs qui le recouvrent en partie en formant comme des lèvres au fond de l'espace autour duquel sont implantés, en cercle, les tentacules.

Mais ce qui distingue les *sèches* de tous les autres mollusques céphalopodes, c'est la présence dans leur dos, à la place de la lame cornée des calmars, d'une sorte de coquille, connue de tout le monde sous le nom d'*os de sèche*, que l'on emploie souvent dans les arts pour polir divers ouvrages, que l'on donne aussi aux petits oiseaux pour s'aiguiser le bec, et qui sert encore sous le nom de corail blanc à la composition des poudres que l'on emploie pour blanchir les dents. Cet os est de forme ovale, épais, bombé, et composé d'une infinité de lames calcaires très minces, toutes superposées, et jointes ensemble par des milliers de petites colonnes creuses, qui vont perpendiculairement de l'une à l'autre. Il est parfaitement libre dans l'épaisseur du manteau de la *sèche* ; c'est en vain qu'on y chercherait l'impression de quelques muscles ou les ramifications de quelques vaisseaux ; il s'accroît seulement au-dessus et au-dessous par le dépôt que le manteau y laisse, de la matière calcaire qui augmente successivement le nombre des lames.

Le corps des *sèches* se distingue aussi de celui des calmars par la forme des nageoires qui sont circulaires et règnent tout le long de chaque côté de leur sac. La vessie à l'encre est aussi différemment disposée ; elle est entièrement détachée du foie, et située plus profondément dans l'abdomen. Son cerveau est petit, divisé en deux lobes, et renfermé dans une boite cartilagineuse.

Les œufs de ces animaux sont fort abondans, et attachés ensemble en forme de grappes rameuses, assez semblables à celles des raisins, et qu'on nomme vulgairement *raisins de mer*.

On pêche beaucoup de *sèches* sur nos côtes, particulièrement sur celles de la Méditerranée, où elles forment en partie la nourriture des peuplades voisines des rivages. Quand on les retire de l'eau, loin de rester vivaces, comme les calmars et les poulpes pendant plusieurs heures et même plusieurs jours, elles meurent presque à l'instant en faisant entendre un grognement qui imite celui du cochon. Ce genre d'aliment était aussi connu et estimé chez les anciens. Leur encre est fort noire ; quand elle est fraiche, elle tache le linge d'une manière ineffaçable ; il parait qu'elle est aussi employée par les Chinois à faire de ces petits pains d'encre si communément employés et si recherchés en Europe par les dessinateurs.

L'espèce la plus commune, la plus répandue dans nos mers, la *sèche officinale*, n'atteint guère qu'un demi-mètre au plus de longueur. Sa peau est lisse, blanchâtre, pointillée de roux.

On en trouve une espèce différente dans la mer des Indes qui se distingue par une peau hérissée de tubercules et qui, à cause de cela a reçu le nom de *sèche tuberculeuse*.

LES SPIRULES.

Le corps des *spirules* est un véritable corps de *sèche,* mais ici au lieu d'une masse ovale, crétacée, on trouve à l'arrière du corps de l'animal une coquille tournée en spirale dans

le même plan , mais dont les tours de la spire
ne se touchent point ; cette coquille est connue vulgairement sous le nom de *cornet de
postillon*. Le manteau des *spirules* se prolonge
et enveloppe presque en totalité cette coquille
qui est petite et transparente , elle est aussi divisée à l'intérieur par des cloisons transversales
qui forment autant de loges successives et de
plus en plus grandes, dont l'animal occupe toujours la dernière. Au fur et à mesure que son
corps en grossissant, nécessite la formation
d'une loge nouvelle , il s'avance en se tenant
fixé au fond de la loge qu'il quitte au moyen
d'un appendice fort mince qui termine la
partie postérieure de son corps, puis il transsude une matière crétacée qui forme la cloi-
son postérieure de sa nouvelle loge, et un
tube autour de l'appendice de son corps qui
traverse toute la série des loges et que les
naturalistes ont désigné du nom de *syphon*.
On conçoit que ce syphon doit être roulé en
spirale comme l'ensemble de la coquille dont
il occupe toute la longueur.

L'espèce que nous venons de décrire est la
seule connue.

LES NAUTILES.

Le *nautile* possède une belle coquille, cloisonnée aussi en dedans et pourvue d'un syphon, mais assez épaisse, tapissée au-dedans de la plus belle nacre, variée au-dehors de bandes ou de flammes de couleur fauve. Ce qui distingue surtout cette coquille, c'est que son accroissement est si rapide et les derniers tours si grands qu'ils enveloppent et cachent la spire. L'habitant ressemble aux poulpes ou aux *sèches*; comme eux, il est pourvu d'un bec, d'un sac musculeux contenant les viscères et terminé par un appendice qui reste fixé dans le syphon. Mais ici, au lieu de huit membres, on voit un nombre considérable de tentacules plats disposés en rayons autour de la bouche les uns au-dessus des autres, comme les pétales d'une marguerite et qui rappèlent parfaitement les *anémones de mer*. Au lieu de la membrane palmée qu'on trouve aux bras des poulpes ou des argonautes, on voit naître et s'élever au-dessus des yeux une large membrane, en forme de capuchon, parsemée de ventouses.

Les *nautiles*, comme leur nom l'indique, sont des mollusques navigateurs; leur coquille est pour eux une nacelle dans laquelle, couchés sur le dos comme les *argonautes*, ils voguent à la surface des eaux; dépourvus de rames, ils en sont dédommagés par la membrane en capuchon qu'ils ont au-dessus de leur tête et qu'ils élèvent comme une jolie voile rosée, teintée symétriquement de pourpre et d'azur. C'est surtout après l'orage qu'on les voit en troupes nombreuses, venir étaler au soleil leurs riches pétales, au-dessus de leurs barques élégantes. Mais que le temps devienne sombre, ou que quelque danger les menace, la flotte roule ses voiles et chaque navigateur se replonge au sein des mers, pour y chercher un asyle.

Autant il est facile de se procurer et de connaître la belle coquille du *nautile* qui se trouve communément dans toutes nos collections, ou qui est si souvent employée à former des coupes, des vases ou d'autres ornemens, autant il est rare et difficile de voir l'animal vivant, et ce que nous en connaissons nous vient de Rumphius qui en a laissé une description accompagnée d'une assez mauvaise figure, ou par le naturaliste Péron. Ce coquillage paraît avoir été connu cepen-

dant chez les anciens. Aristote le distingue
fort bien des argonautes, mais ce qu'il en dit
est très peu de chose et laisse beaucoup à
désirer.

GÉNÉRALITÉS SUR LES MOLLUSQUES CÉPHALOPODES.

La description qui vient d'être faite des principaux genres connus de cette classe d'animaux, suffit déjà à prouver combien ce groupe est naturel, et quel enchaînement existe dans les rapports des formes des différens êtres qui le composent. Tous ont le corps enveloppé d'un sac musculeux dans lequel flottent les viscères, tous ont une tête couronnée de tentacules chargés de ventouses, et pourvue de deux grands yeux ; ils jouissent tous aussi des sens de la vue, de l'ouïe, de l'odorat, du goût et du toucher, et ils ont un *cerveau*, centre où aboutissent les sensations, renfermé dans une cavité particulière.

Au milieu de l'évasement formé par la réunion des tentacules, se trouve un bec de corne absolument semblable à celui d'un perroquet, puis une langue hérissée de pointes cornées, un gésier charnu comme celui d'un oiseau, un estomac membraneux tourné en spirale, où le foie verse la bile; enfin un intestin qui revient sur lui-même et s'ouvre au-dehors presqu'au niveau de la tête. Ces animaux sont en outre pourvus d'une vessie remplie d'une liqueur foncée qu'ils répandent dans l'eau pour éviter la poursuite de leurs ennemis. Les sexes sont séparés; leur peau, et surtout celle des poulpes, jouit de la faculté de changer de couleur par places et par taches avec une très grande rapidité, principalement quand l'animal est violemment agité par quelque passion. Leur respiration se fait par des branchies que l'eau vient baigner en s'introduisant dans le sac qui est ouvert transversalement par devant.

Tous les mollusques céphalopodes ne sont pas pourvus de coquilles; mais celles-ci semblent ne s'établir, dans les différens genres, qu'avec une gradation qui ne permet pas de perdre le fil de l'analogie. On ne sait si la sépiole doit plutôt se ranger près des poulpes ou près des calmars, elle est comme le lien qui les unit. La *sèche* ne s'éloigne guère de ces genres que parce que le corps solide renfermé dans son dos a pris un peu plus de force et de solidité que celui des calmars, qui reste dans l'état cartilagineux, premier degré de l'accroissement de toute espèce d'os. Enfin, les nautiles qui possèdent une coquille bien formée ont entre eux et les *sèches* les *spirules* qui en diffèrent bien peu, et nous nous contenterons à cette occasion de rapporter les propres expressions de Cuvier : « Dans l'arrière de leur corps de *sèche*, est une coquille intérieure qui, toute différente qu'elle est de l'os de *sèche*, pour la figure, n'en diffère pas beaucoup pour la formation. Qu'on se représente que les lames successives, au lieu de rester parallèles et rapprochées, sont concaves vers le corps, plus distantes, croissant peu en largeur, et faisant un angle entre elles, on aura un cône très alongé, roulé sur lui-même en spirale dans un seul plan, et divisé transversalement en chambres. Telle est la coquille de la *spirule*. »

Tant de conformité dans l'organisation ne laisse pas douter de la ressemblance de leurs mœurs, ce que les faits d'ailleurs, viennent constater. Ces animaux sont cruels et voraces ; ils vivent de butin, et sont aux habitans des eaux, ce qu'est le tigre à ceux de la terre, ou l'aigle et l'épervier aux habitans des airs.

Heureusement leurs espèces destructives sont peu nombreuses ; elles ne constituent qu'un ordre selon Cuvier, et Linné n'en formait même qu'un seul genre. Peut-être les premiers âges du monde les ont-ils vues plus nombreuses ; et nous allons pour compléter leur histoire, dire quelques mots de ces débris fossiles de coquillages renfermés dans les entrailles de la terre, dont on ne retrouve plus les individus vivans dans nos mers, mais que leur structure semble rapprocher de la classe des .céphalopodes.

On peut ranger en première ligne, ces coquilles en forme de cône très alongé, que l'on trouve en grande quantité dans les couches de craie et de calcaire compacte. Ces coquilles fossiles portent le nom de *bélemnites*. Le cône dont nous avons parlé en renferme un second divisé en cloisons, qui sont elles-mêmes traversées par un syphon ; caractères qui établissent une grande analogie entre la structure de ces coquilles et celle des nautiles.

Mais on trouve des coquilles d'une forme bien différente dans les terrains dits de seconde formation, et ces coquilles dont fourmillent les couches des montagnes dites secondaires, présentent aussi cette particularité d'être divisées en loges percées d'un syphon. Enroulées sur elles-mêmes en une spire plus ou moins aplatie ou alongée, elles ont été comparées aux cornes d'un bélier et nommées *ammonites* ou vulgairement *cornes d'Ammon*. On est aussi étonné de la petitesse de certaines d'entre elles qui ne dépassent pas la grosseur d'une lentille, que de l'énorme volume de quelques autres qui égalent la dimension d'une roue de carrosse.

Enfin on trouve encore parmi les coquilles pétrifiées les plus répandues, les *camérines*. Analogues aux précédentes pour la structure intérieure cloisonnée, elles en diffèrent par l'absence du syphon. Quant à leur forme extérieure, elle est le plus souvent lenticulaire et sans aucune ouverture apparente. C'est un coquillage dont quelques espèces se trouvent encore dans nos mers, mais qui, à l'état fossile forme presque à lui seul des chaînes entières de collines calcaires et des bancs immenses de pierre à bâtir.

CHAPITRE X.

DES MOLLUSQUES EN GÉNÉRAL.

Le goût de l'histoire naturelle devait naître et naquit en effet de bonne heure, par le seul attrait que trouvèrent les hommes, dans la possession des brillantes enveloppes du groupe d'animaux que nous venons de parcourir. Chacun fut jaloux d'utiliser comme objet d'agrément ou de simple curiosité, tant de coquilles précieuses, si brillantes par leur coloris, si bizarres, à la fois, et si gracieuses dans leurs formes; mais là n'était pas encore la science. Peu soucieux de connaître les artisans de si riches dépouilles, on se bornait à en jouir, et les amateurs-naturalistes n'eurent d'autre objet en vue, pendant plusieurs siècles, que de classer, plus ou moins bien cel-

les-ci dans leurs collections, selon leur dis-
semblance ou leurs analogies.

L'art, plutôt que la science, du groupement
des coquilles, ne tarda donc pas à se développer; il porta le nom de *conchyliologie*. Aristote connaissant assez peu la structure des
mollusques, avait le premier donné l'exemple
d'une distribution systématique de leurs coquilles; il se fondait sur le nombre des pièces pour les principaux groupes, et les divisait en *uni-valves* et en *bi-valves*, selon qu'elles
étaient uniques, ou composées de deux moitiés; puis il les subdivisait encore d'après
quelques-unes de leurs formes, ou d'après la
considération des lieux où elles fixent leur
séjour. Depuis Aristote et ses copistes, jusqu'à la renaissance des lettres, la science
des coquilles, comme bien d'autres, resta
dans une sorte d'oubli. Ce ne fut guère que
dans le dix-septième siècle, qu'on s'en occupa
sérieusement et que divers auteurs mirent
au jour quelques tables synoptiques destinées
à ce genre de classification.

Ce serait aller trop loin que de vouloir
se rendre compte de tout ce qui s'est fait depuis cette époque; il suffira de dire que Linnée, lui-même, et en 1792, Brugnières, l'un
des plus savans conchyliologistes classèrent

les mollusques, et circonscrivirent leurs genres avec la plus grande précision, toujours uniquement d'après la seule considération des coquilles. Il faut dire aussi que la nécessité de joindre la connaissance de la structure anatomique de l'animal à la forme de son têt, se faisait déjà sentir, et que Muller, Adanson, Poli, Lamarck et Cuvier ouvrirent successivement cette voie. Ce dernier surtout déploya au jour avec toute la lucidité de son génie, les formes organiques d'un grand nombre de mollusques dont la structure était restée inconnue jusqu'à lui, et Lamarck perfectionnant la judicieuse exactitude de la méthode employée par Brugnières son maître, au moyen des découvertes anatomiques de Cuvier, publia dans son *histoire naturelle des animaux sans vertèbres*, un traité fort étendu de la structure et de la classification des mollusques. La science en est là aujourd'hui, et la *conchyliologie* ou l'étude des coquilles semble avoir cédé peu à peu son importance à celles des mollusques qui les habitent.

Si déjà nous parlons de *mollusques*, sans avoir déterminé préalablement le sens qu'on doit ajouter à ce mot, c'est que nous croyons que la présentation qui précède, des animaux même, qui constituent ce groupe est plus propre à en donner l'idée, que toute définition. La mollesse des tissus semble être le caractère dominant chez les êtres qui forment ce grand embranchement ; c'est aussi de ce caractère seul, comme on le voit, qu'est tirée la dénomination de *mollusques* ou d'*animaux mous*. Ce caractère est loin cependant, de circonscrire nettement le groupe, et il serait facile d'y faire entrer bon nombre de zoophites dont l'état de mollesse est peut-être encore plus caractéristique. Linnée réunissait toutes les classes qui précèdent, tant celles des zoophites que celles des mollusques, sous la dénomination commune de *vers*, et alors il réservait le nom de *vers mollusques*, pour ceux de ces animaux qui sont dépourvus de coquilles, et il formait un groupe à part de ceux qui sont pourvus d'un têt, en les nommant *vers testacés*. Bruguières conserva et rectifia en quelques points ces mêmes divisions, et c'est ainsi qu'il les a consignées dans l'encyclopédie méthodique.

Il paraît y avoir, au premier abord, quelque chose de fort naturel dans cette séparation des animaux entièrement mous, avec leur dénomination de mollusques, d'avec ceux qui sont revêtus d'un sac coriace, ou d'une enveloppe calcaire ; mais si nous nous rappelons les rapports de structure de tous ces êtres, la grande analogie qu'ils présentent, et combien il est plus naturel de s'attacher à la composition intime des êtres, pour les classer, qu'à une apparence extérieure, on verra que l'embranchement des mollusques, tel qu'il est adopté aujourd'hui, et tel qu'il a été donné par Cuvier, ne le cède en rien pour la régularité de ses caractères et de ses analogies à tant d'autres groupes généralement adoptés par tous les naturalistes.

Au lieu des cinq classes de Cuvier, nous en avons admis quatre seulement : 1° les *acéphales* dont les coquillages à deux valves forment la grande masse et sont le type de la classe ; groupe très naturel, dont il a cru devoir isoler, sous le nom de *brachiopodes*, les trois genres, *lingules*, *térébratules* et *orbicules*, quoiqu'ils soient aussi composés de deux valves, et peu différens pour la structure de l'animal des acéphales ; par cette seule considération qu'au lieu de pieds, ils étendent hors de leur coquille, deux appendices ou bras charnus garnis de nombreux filamens. Nous avons indiqué cette séparation sans l'adopter cependant comme classe, afin d'éviter autant que possible, de fatiguer la mémoire par des divisions trop nombreuses et qui ne seraient pas motivées par la plus stricte né-cessité.— 2.° Les *gastéropodes,* remarquables en ce qu'ils comprennent toutes les coquilles enroulées et d'une seule pièce.— 3° les *ptéro-podes,* qui au lieu d'avoir sous le ventre un pied propre à ramper, comme les précédens, ont deux nageoires, placées comme des ailes, aux deux côtés de la bouche.— 4° Enfin, les *céphalopodes* ou *pieds en tête,* dont le nom est tiré sans doute de ce que ces animaux paraissent marcher quelquefois le corps di-rigé en haut et la tête et les tentacules qui l'entourent portées vers le fond de la mer.

Les *mollusques* sont des animaux éminem-ment plus avancés en organisation, que les *zoophytes,* le tube digestif est souvent très compliqué, le foie est toujours considérable, et ils possèdent communément des glandes salivaires. La sensibilité est plus manifeste, et le système nerveux se réunit en masses médullaires dispersées en différens points du corps, et dont la principale que Cuvier regarde comme le cerveau, est située vers la tête près de l'entrée du tube digestif, qu'elle embrasse comme une sorte de collier ner-veux. Les sens sont plus nombreux, les ap-pendices destinés à la locomotion deviennent

de véritables membres et forment des pieds
ou des bras charnus et musculeux, qui ser
vent à la marche ou à saisir la proie. Les organes respiratoires dont les *zoophytes* offrent
à peine quelques rudimens, sont ici nettement prononcés. Un sang blanc ou bleuâtre
dans lequel nagent des globules de forme
ovale, remplit les vaisseaux. La circulation
est double, c'est-à-dire qu'en outre de la circulation générale qui opère la nutrition de
toutes les parties du corps, il s'établit un cir-
cuit à part et complet du sang qui va du
cœur au poumon et qui revient du poumon
dans le cœur. On ne retrouve plus ici ces
générations par boutures, par bourgeonne-
mens, si communes dans les animaux-plantes, la reproduction s'opère par des sexes
distincts et par fécondation; ces sexes même
sont souvent séparés et portés par des individus différens. Les dépôts calcaires enfin,
ne sont plus de simples masses informes et
l'on pourrait presque dire inutiles, mais s'é-
talent en valves protectrices ou s'enroulent
en brillantes volutes.

Evidemment l'organisation est en progrès,
les formes se diversifient ; et avec elles coïn-
cident mille variétés d'industries et de mœurs:
tel mollusque fixé à jamais sur la roche qui le

vit naître, y passe sa vie et voit ses générations s'écouler dans une éternelle atrophie ; tel autre , roulé, par le flot sur la plage, ferme ses valves, évite ainsi le choc et le fracas de la tempête , puis ouvre et ferme alternativement sa coquille et regagne ainsi la mer. Un autre s'élève au-dessus du sol sablonneux de la côte au moyen de son pied, ou s'y creuse bien vite un abri quand il craint le danger. On en voit quelques uns ramper sur la terre et paître les herbages, pendant que des espèces carnassières troublent le sein des abymes , y portent l'épouvante et la mort ; ou que leurs congénères fatigués du carnage , viennent se balancer dans leurs brillantes nacelles, et ramer mollement à la surface des ondes.

Quel est celui aussi, qui n'a pas payé mille fois son tribut d'admiration à l'aspect de semblables merveilles !

Et tout cela n'est rien cependant ; la splendeur de l'œuvre passe ignorée, pour celui qui n'y attache qu'un regard stérile et corporel ; à l'intelligence seule appartient la noble tâche d'entrer dans l'intention des voies providentielles, et de saisir le fonds, et la raison des choses.

Que votre esprit plane, en effet , au-dessus de tant de classes d'êtres que nous venons de parcourir ; partout un même fait , partout le besoin de se nourrir; depuis le poulpe terrible et carnassier, jusqu'à ces existences ambiguës qui végétent au sein des eaux. C'est l'air et l'aliment qui entrent en jeu, qui se combinent et se métamorphosent pour opérer l'accroissement de toutes les parties, et partout c'est la *digestion* et la *respiration* qui deviennent le fondement de toute organisation. Et trouvons-nous quelque part une dérogation à cette loi? n'est-ce pas partout une cavité digestive, ou si l'on veut s'arrêter plus haut une masse viscérale remplissant le même but; n'est-ce point en même temps un organe respiratoire s'étendant en branchies ou se formant en cavité pulmonaire ?

Que d'autres organes viennent à leur tour seconder de diverses manières ou accomplir le but, rien de nouveau n'est créé ; c'est la même organisation, ce sont les mêmes matériaux qui s'emploient et se disposent diversement selon les besoins et les circonstances. Un sac couronné de longs tentacules, guerre, voracité, voilà, sauf les complications partielles, le *plan* du poulpe aussi bien que celui du polype, si l'on peut l'exprimer ainsi ; et cependant nous prenons ici les deux termes extrêmes, et les moins contestables, de l'aveu de tous les naturalistes, dans la chaine des animaux dont nous avons déjà tracé l'histoire.

Que si l'on prétendait que les fibres charnues des bras du poulpe contrastent trop avec les tentacules gélatineux du polype, ou que la complication d'organe du premier, soit un obstacle à leur analogie; alors, on prendra le poulpe dans l'œuf, à son état fatal, et les formes se trouveront ramenées à une ressemblance si peu contestable, que l'on se trouvera conduit à ne voir dans le polype que l'embryon d'un poulpe arrêté dans l'état fatal, devenu permanent.

Mais expliquons-nous aujourd'hui, tant de dissemblances déjà mentionnées entre ces points extrêmes, pouvons-nous les ramener dès à présent à un même type d'unité, jusque dans les plus petits détails? non! de pareilles tentatives sont encore trop neuves, et ce n'est point dans les bornes de cet ouvrage qu'il serait convenable de les aborder. Le lecteur intelligent les pressentira lui-même; et sans s'attacher à une démonstration exacte qu'une science naissante n'a point encore donnée pour chacun des cas particuliers de forme, de ces êtres inférieurs, il sentira de quelle nature peut être l'obstacle si puissant qui s'oppose à toute division, nettement tranchée, dans la série animale. Il verra que les polypes déposent déjà ces mêmes substances cornées ou ter-

reuses qui plus tard se façonnent en becs meur-
triers, ou en beaux coquillages; que la plupart des êtres qui en sont dépourvus ne
semblent en manquer que par un temps d'arrêt
dans leur développement; que plusieurs
d'ailleurs, en offrent des vestiges, tels que
ces deux grains coniques que les poulpes
portent sur leur dos en guise de coquille avortée,
ou ces lames, plus ou moins solides, contenues
dans le dos des calmars, comme un premier
degré d'ossification, et enfin il se rappellera
ces tubes et ces disques cartilagineux de certains polypiers et de certains acalèphes, et l'enveloppe calcaire des astéries et des oursins.
Si l'on veut se restreindre aux coquillages eux-
mêmes, les *céphalopodes*, les *Ptéropodes* et
les *gastéropodes*, n'offrent-ils pas tous des
genres à coquilles enroulées; l'opercule qui
ferme leur valve unique ne porte-t-il pas
souvent la trace d'une spire, comme s'il devait
être une seconde valve avortée par l'excès de
développement de la première, et enfin parmi
les *acéphales* eux-mêmes, ne trouvons-nous
pas souvent une des deux valves fortement
bombée, tandis que l'autre s'atrophie et di-
minue au point de ne faire plus l'office que
d'un simple opercule, caractère mixte qui lui

a valu des naturalistes le nom de *valve-oper-culaire* ?

Encore une fois, nous ne pouvons dès à présent que faire pressentir l'analogie qui peut exister au fond de formes si puissamment diversifiées. Ne sommes-nous pas en effet, au commencement des classes les moins avancées de la zoologie ; au milieu des êtres dont l'organisation reste encore vague et mal dessinée comme si, génération avortée, ils eussent été frappés à l'origine de la déviation de ces excès ou du défaut dans le développement de certains organes, et condamnés pour jamais à reproduire ces écarts de formes qui sont pour nous la monstruosité ?

Mais il n'est pour la nature ni monstruosité, ni écart; partout elle se montre conséquente : tout phénomène trouve sa raison dans l'ordre naturel des choses et nous aurons plus tard plus d'une occasion d'en juger mieux. Qu'il nous suffise en ce moment, de remarquer que tout ne saurait être fini pour le naturaliste, lorsqu'il a scrupuleusement décrit et classé des êtres; qu'une plus noble tâche lui reste encore à remplir, celle de reconstruire par de philosophiques inductions et de faire en quelque sorte revivre ce monde que son scalpel a su analyser.

Long-temps les botanistes se contentèrent de disséquer des tiges, ou des fleurs, ou des fruits, de classer et de dénommer des familles; mais la fin du siècle dernier vit apparaître *Gœthe*, le poète qui portant le charme de son imagination dans la contemplation de la nature, appela ses contemporains au déploiement de la végétation. Quelques organes simples furent dévoilés comme principes et comme matériaux identiques des parties les plus différentes d'une même plante; il les montra se transformant en tiges, en feuilles, en fleurs ou en fruits, et n'ayant qu'à diminuer ou à s'étendre, pour former d'innombrables espè-ces. Il mourut et laissa au monde son livre si curieux de *la métamorphose des plantes*. Son génie ne s'était point arrêté à la seule consi-dération des végétaux; il avait quelquefois tenté d'appliquer à l'organisation animale les mêmes vues d'unité, et dès ce moment l'Allemagne savante se trouva engagée dans les voies de la philosophie naturelle.

Dans ce même temps la France et notre siècle virent naitre, par la seule force des choses et sans qu'il y eût communication entre les deux pays, les mêmes pensées unitaires. M. *Geoffroy-St-Hilaire*, venait de publier de concert avec *Cuvier*, son ami et son collaborateur, la classification des **mammifères** res- tée dans la science aujourd'hui, lorsqu'en étu- diant les animaux, et en les décrivant pour les classer, il fut frappé surtout de l'arbitraire qui entrait nécessairement dans la division et l'enchainement de leurs groupes. C'en fut assez ; dès lors il abandonna son travail de nomenclateur pour se livrer tout entier à l'é- tude philosophique des rapports des êtres. Mais écoutons-le lui-même raconter la nais- sance de ses premières impressions : (*) « A mon début dans le professorat en 1793, il n'y avait eu à Paris aucun enseignement de zoo- logie. Tenu de tout créer, j'ai acquis les pre- miers élémens de l'histoire naturelle des ani- maux en rangeant et classant les collections confiées à mes soins. Cependant pour demeu- rer définitivement fixé sur le meilleur système de classification que j'aurais à suivre, j'ai eu d'abord à me rendre compte de la valeur des *caractères*; c'est-à-dire, à rechercher, par des essais longs et pénibles, ce que ces carac- tères devaient m'offrir de constant et d'utile en différences propres à servir à la distinction des êtres. Or de chaque séance que je faisais journellement dans les cabinets du Jardin du

(*) Principes de philosophie zoologique.

Roi, je recevais une impression qui, se repro-
duisant toujours la même, me porta à cette
vue pour l'esprit, c'est que tant d'animaux
que je tenais pour différens et qu'en leur im-
posant un nom spécifique je traitais comme
distincts, ne différaient cependant que par
quelques légers attributs, modifiant plus ou
moins une structure généralement et évidemment la même. Ce n'était effectivement qu'une
modification légère, dès que j'apercevais nettement que le point différencié ne portait pas
sur ce qui aurait pu être nommé la condition
essentielle des parties ; il n'affectait que leur
dimension respective. Ainsi à l'égard des animaux voisins, chacun des matériaux organiques reparaissait en totalité. Ainsi pour qu'il
y eût diversité d'espèces, il suffisait de la plus
petite variation dans le volume proportionnel
des matériaux associés et constituans, de la
plus faible altération dans des dimensions qui
ne changeaient en rien les rapports essen-
tiels. »—« Combien de fois je me suis rendu
compte de la valeur de ces idées en étudiant
ainsi d'ensemble la collection du Jardin du
Roi! Qu'il m'arrivât d'être placé à une certaine
distance, je saisissais un effet général où dis-
paraissaient toutes les différences de peu
d'importance. En face des armoires d'ornitho-

logie, je n'apercevais sur les rayons que la répétition, un grand nombre de fois multipliée du type *oiseau* ; c'est-à-dire que je ne distinguais que les traits généraux, savoir, la tête, le cou, le tronc, la queue, les ailes, les pieds ; chez tous les individus, c'était des plumes pour tégumens ; chez tous un bec de corne entourant les mâchoires : toutes choses exactement répétées, et qui, de plus, existaient en des places respectivement les mêmes. — Cette même expérience, tentée à l'égard des mammifères, exigeait pour qu'ils fussent également embrassés dans les mêmes considérations, que je me tinsse à une distance plus grande ; et de même, par une progression toute naturelle, c'était nécessité de s'éloigner bien davantage des sujets à observer, si je me proposais de comprendre sous le même aspect, et dans le même but de recherche, des animaux caractérisés par des différences plus multipliées et plus considérables, telles, par exemple, que pourrait l'offrir l'observation simultanée d'un mammifère, d'un oiseau, d'un lézard, d'une tortue ou d'une grenouille ; car dans ce cas même, la quantité de leurs différences, bien que donnant lieu à un sentiment de plus larges intervalles, ou hiatus, entre ces mêmes animaux, n'en restait pas moins une quantité en différence de beaucoup inférieure à la somme des rapports au moyen desquels ces animaux s'appartiennent, sont rangés dans la même classe et font partie du même groupe, dit *embranchement des vertébrés*.

Voilà quelles furent mes premières impressions comme zoologiste. Des dissections entreprises sous l'influence de ces impressions y répondirent; tous les organes intérieurs étaient dans un rapport parfait avec ceux de la périphérie de l'être. — C'est un même arrangement de systèmes analogues, en sorte que le zootomiste arrive au même point d'impression et de croyance que le zoologiste, et que c'est en définitive un fait bien acquis de philosophie naturelle que les animaux sont décidément le produit d'un même système de composition, l'assemblage de parties organiques qui se répètent uniformément. »

Cette théorie, si connue sous le nom de *théorie des analogues*, n'a donc rien de hasardeux, rien qui ne soit l'exacte expression des faits, dont elle n'est que l'ensemble, formulée plus généralement encore, par les termes d'*unité de composition organique*. Si elle nous amène à une connaissance à la fois plus exacte et plus approfondie de la structure intime des êtres et des lois de la vie , elle seule doit être le fil qui guidera sûrement le naturaliste dans le dédale infini de la multiplicité. Le scalpel ne rencontrera plus un obstacle devant un même organe, tout-à-fait amoindri , ou développé à l'excès chez des animaux différens, que la pensée ne l'aplanisse , et il n'y aura plus nécessité pour l'anatomiste de créer des dénominations nouvelles , pour chaque nuance de forme , ni d'embarrasser par là et rendre impraticables ou rebutans à tout nouvel adepte les sentiers de la science.

Espérons-le ; d'aussi belles découvertes ne tarderont pas à porter leurs fruits, et lorsque de leur application aux êtres les plus élevés de l'échelle zoologique , elles auront pu descendre à ces classes inférieures de *zoophytes* et de *mollusques* , alors seulement, celles-ci seront éclairées , et ce que nos sens n'atteindront pas , ce sera à notre intelligence à nous le dévoiler. L'anatomie et la physiologie des êtres inférieurs sont loin de le céder, en importance, à l'étude de ceux qui sont les plus parfaits ; à eux se rattachent les plus grandes questions. Pourquoi, seuls et premiers habitans de la terre, ont-ils laissé leurs débris dans toutes les parties du monde, dans le fond des vallées aussi bien qu'à la cime des plus hautes montagnes ? Pourquoi ont-ils habité tous les climats où on ne les retrouve plus aujourd'hui ? Pourquoi enfin, les coquilles fossiles les plus anciennes, ne ressemblent-elles en rien à celles que la mer renferme aujourd'hui dans son sein ? pourquoi, dans les terrains plus récens, les voit-on peu à peu changer de nature, et si elles n'appartiennent pas aux espèces qui vivent de nos jours, pouvoir au moins être rapportées aux mêmes genres ?

Ici commence une étude nouvelle, dont les fins sont réservées aux âges à venir et dont la philosophie organique a préparé les matériaux, étude déjà indiquée des rapports des êtres et des milieux où ils vivent. Un jour, sans doute, et ce jour n'est pas loin, la zoologie, s'étendant hors d'elle-même, demandera aux élémens les causes de ces variétés, la raison de la diversité des développemens d'organes qui, cependant, au fond, se répètent partout et identiquement les mêmes. Le globe, comme le dernier de ses habitans, a eu ses âges et ses périodes d'accroissement; et lorsque sa végétation en enfance, s'élevait de toutes parts, en forêts de fougères ou de palmiers, alors aussi l'*animalité*, entrant dans sa première phase, ne déployait, au sein des eaux, en zoophytes et en mollusques nombreux, que les formes douteuses de l'état embryonnaire, diversement modifiées par un concours de circonstances éteintes de nos jours. Tels, les organes de la végétation revêtent encore des formes nouvelles sous l'influence des saisons, des lieux et des climats; tels, on voit aussi les germes troublés dans le sein de leur mère dévolopper les formes les plus bizarres et les plus insolites.

En résumé : l'histoire naturelle arrivée à une assez grande richesse de faits de détails, ne pouvait se restreindre désormais à un même cercle de recherches; il lui fallait un lien, capable de rapprocher cette multiplicité toujours croissante de cas particuliers, et de donner la raison, en quelque sorte la clé, de tant de formes variées.

Ce fut alors que naquit, simple et féconde, comme la nature elle-même, cette pensée d'unité dans la composition organique des animaux, qui, envisageant tout le règne animal comme un seul être, partout le même au fonds, rendit compte de la diversité de ses classes et de ses espèces par une simple variation dans les proportions des mêmes élémens. Et cela n'est pas tout encore : cette idée mère conduisait naturellement à rechercher dans les agens extérieurs qui les influencent sans cesse, les causes elles-mêmes de tant de variétés, et la genèse du globe et de ses habitans.

De tout ceci, il faut conclure que les sciences ne sauraient atteindre leur apogée que lorsqu'elles marchent, sur la trace des Keppler et des Newton, vers les lois générales, seules capables de nous traduire dignement cet univers où

« L'homme n'a rien vu s'il n'a pas vu l'ensemble. »

FIN DU PREMIER VOLUME.

www.ingramcontent.com/pod-product-compliance
Lightning Source LLC
LaVergne TN
LVHW020558180726
843502LV00002B/285